Majdi Gharbi

Amélioration continue d'une ligne de production

Majdi Gharbi

Amélioration continue d'une ligne de production

Amélioration des performances d'une ligne d'assemblage des allumes cigare

Presses Académiques Francophones

Impressum / Mentions légales

Bibliografische Information der Deutschen Nationalbibliothek: Die Deutsche Nationalbibliothek verzeichnet diese Publikation in der Deutschen Nationalbibliografie; detaillierte bibliografische Daten sind im Internet über http://dnb.d-nb.de abrufbar.
Alle in diesem Buch genannten Marken und Produktnamen unterliegen warenzeichen-, marken- oder patentrechtlichem Schutz bzw. sind Warenzeichen oder eingetragene Warenzeichen der jeweiligen Inhaber. Die Wiedergabe von Marken, Produktnamen, Gebrauchsnamen, Handelsnamen, Warenbezeichnungen u.s.w. in diesem Werk berechtigt auch ohne besondere Kennzeichnung nicht zu der Annahme, dass solche Namen im Sinne der Warenzeichen- und Markenschutzgesetzgebung als frei zu betrachten wären und daher von jedermann benutzt werden dürften.

Information bibliographique publiée par la Deutsche Nationalbibliothek: La Deutsche Nationalbibliothek inscrit cette publication à la Deutsche Nationalbibliografie; des données bibliographiques détaillées sont disponibles sur internet à l'adresse http://dnb.d-nb.de.
Toutes marques et noms de produits mentionnés dans ce livre demeurent sous la protection des marques, des marques déposées et des brevets, et sont des marques ou des marques déposées de leurs détenteurs respectifs. L'utilisation des marques, noms de produits, noms communs, noms commerciaux, descriptions de produits, etc, même sans qu'ils soient mentionnés de façon particulière dans ce livre ne signifie en aucune façon que ces noms peuvent être utilisés sans restriction à l'égard de la législation pour la protection des marques et des marques déposées et pourraient donc être utilisés par quiconque.

Coverbild / Photo de couverture: www.ingimage.com

Verlag / Editeur:
Presses Académiques Francophones
ist ein Imprint der / est une marque déposée de
OmniScriptum GmbH & Co. KG
Heinrich-Böcking-Str. 6-8, 66121 Saarbrücken, Deutschland / Allemagne
Email: info@presses-academiques.com

Herstellung: siehe letzte Seite /
Impression: voir la dernière page
ISBN: 978-3-8381-4097-1

Copyright / Droit d'auteur © 2014 OmniScriptum GmbH & Co. KG
Alle Rechte vorbehalten. / Tous droits réservés. Saarbrücken 2014

Dédicace

À mon père et ma mère qui n'ont jamais cessé de m'assister et de m'encourager. A qui je dois ma réussite aucune dédicaces ne peut exprimer ce que je dois pour leurs efforts et leurs sacrifices.

À mes grands parents, ma sœur et mes deux frères pour leurs encouragements et leurs soutiens.

À tous mes amis qui n'ont pas cessé de m'encourager.

À tous ce que je connais, qu'ils trouvent ici l'expression de ma profonde gratitude.

Majdi

Remerciements

Au terme de ce travail, je tiens à exprimer ma sincère gratitude à **Mr Ahmed BEN FARAH**, ingénieur qualité à ACT, pour l'opportunité qu'il m'a offert de pouvoir réaliser ce Projet de Fin d'Etudes et pour son esprit noble d'encadrement.

Mes remerciements s'adressent également à toutes les équipes qualité, production, logistique, maintenance et méthode pour leurs collaborations, sans oublier les opératrices pour leurs aides qu'ils m'ont procurés.

Je remercie **Mr Chaari Riadh** pour l'honneur qu'il me fait en présidant le jury.

Je remercie aussi **Mr Fredj Ramzi** pour avoir participé au jury et pour l'intérêt qu'il porte à ce travail.

je tiens à remercier aussi **Mr Khaled HAJYOUSSOF** maître assistant à l'ENIM qui a encadré mon travail, ses conseils judicieux ont été d'une aide précieuse.

Sans oublier **Mr LARMANI Youssef**, Technicien CAO à TELNET, **Mr CHAÂR Wajih**, ingénieur amélioration continue à ZODIAC et **Mr BOUACH Aymen**, ingénieur à TELNET pour ses aides et ses conseils.

Enfin, à tous ceux qui ont contribué à mener à bien mon étude et à achever mon Projet Fin d'Etudes, qu'ils puissent y trouver l'expression de ma profonde reconnaissance.

SOMMAIRE

Introduction générale 10
Chapitre I: Etude bibliographique 13
1. Introduction 14
1. Fondement KAIZEN [1], [2] 14
   2.1. Définition 14
   2.2. Les étapes KAIZEN 16
   2.3. Exemples d'outils utilisés par la démarche KAIZEN 16
      2.3.1. Diagramme Pareto [4] 17
      2.3.2. Diagramme Ichikawa [6] 17
      2.3.3. Le travail standardisé 18
      2.3.4. La méthode 5s 18
3. La mesure de travail [8], [9] 19
   3.1. Méthode de mesure de travail 20
      3.1.1. Chronométrage 20
      3.1.2. Méthode des Temps Standards 20
      3.1.3. Le catalogue des temps 20
   3.2. Types de chronométrage 20
      3.2.1. Chronométrage de diagnostic 20
      3.2.2. Chronométrage d'étude 21
      3.2.3. Chronométrage de fixation de tâche 21
      3.2.4. Chronométrage de confirmation 21
4. Equilibrage des postes [10] 22
   4.1. Taux d'équilibrage 22
   4.2. Temps de TAKT (TAK Time) : 22
   4.3. Méthode de plus grand candidat 22
5. TRS : Taux de Rendement Synthétique [11] 23
   5.1. Performance des opératrices 23
   5.2. Le taux de qualité 23
   5.3. La disponibilité des équipements 23
6. L'indicateur DMH 24
7. L'outil FTA (Factor Tree Analysis) [12] 24
CHAPITRE II: Description et étude de la performance de la ligne de production concernée 26
Description et étude de la performance de la ligne de production concernée ... 27
1. Introduction 27
2. Présentation de l'entreprise 27
4. Présentation la ligne de production de production 31
   4.1. Conception de la ligne 32
   4.2. Flux de production de la référence 217536E (figure 11) 33

Sommaire

- 4.3. Flux de production de la référence 1531319 (figure 12) 35
- 4.4. Description de chaque poste 36
  - 4.4.1. Poste 1 36
  - 4.4.2. Poste 2 37
  - 4.4.3. Poste 3 38
  - 4.4.4. Poste 4 40
  - 4.4.5. Poste 5 41
  - 4.4.6. Poste 6 42
  - 4.4.7. Poste 7 43
- 5. Etude de la performance actuelle 44
  - 5.1. Etude des déplacements des opératrices 44
  - 5.2. Taux de rendement synthétique 46
- Chapitre III: Etude de la conception de la ligne de production 48
- 1. Introduction 49
- 2. La référence 217536E 49
  - 2.1. Etude de l'existant 49
    - 2.1.1. Améliorations proposée 52
    - 2.1.2. Comparaison 57
- 3. La référence 1531319 57
  - 3.1. Etude de l'existant 57
  - 3.2. Améliorations proposée 60
  - 3.3. Comparaison 67
- CHAPITRE IV: Amélioration de la performance 68
- 1. Introduction 69
- 2. Amélioration de la performance 69
  - 2.1. Elimination des mouvements sans valeur ajoutée 69
  - 2.2. Problèmes dû aux équipements 76
  - 2.3. Problèmes dû aux processus 81
- 3. Estimation des nouvelles performances 81
- 4. Indicateur DMH 83
- CHAPITRE VI: Amélioration de la qualité 88
- 1. Introduction 89
- 2. Méthodologie adoptée 89
- 3. Collection des données 89
- 4. Analyse des défauts : Diagramme Pareto 90
- 5. Traitement de chaque défaut 92
  - 4.1. Esthétique 92
    - 4.1.1. Présentation du problème 92
    - 4.1.2. Détermination des causes 92
    - 4.1.3. Solution proposé 93
  - 4.2. Ash-guard bloqué 95
    - 4.2.1. Présentation du problème 95
    - 5.2.1. Les cause du problème 95

5.2.2. Plan d'action 96
5.3. Problème de l'allumeur bloqué 98
  5.3.1. Description du problème 98
  5.3.2. Les cause du problème : 99
  5.3.3. Détermination de la cause potentielle (tableau FTA: annexe 15-3) 99
5.4. Problème du Bouchon bombé/inséré 102
  5.4.1. Description du problème 102
  5.4.2. Les cause du problème 102
  4.4.3. Plan d'action 105
Références bibliographiques 109
Annexes 110

LISTE DES TABLEAUX

Tableau 1: (a) Composants requis pour la référence 217536E - (b) Composants requis pour la référence 1531319 31
Tableau 2: Evaluation des paramètres TRS 46
Tableau 3: Affectation des tâches (Cas de 3 opératrices) 50
Tableau 4: Affectation des tâches (Cas de 2 opératrices) 51
Tableau 5: Temps de cycle par opératrice et le taux d'équilibrage pour les trois cas étudiés - 217536E 52
Tableau 6: Equilibrage de la ligne 217536E 54
Tableau 7 : Affectation des tâches (Cas de trois opératrices) 55
Tableau 8: Affectation des postes (Cas de 2 opératrices) 56
Tableau 9 : Nouveaux temps de cycle et taux d'équilibrage – 217536 E 57
Tableau 10: Affectation des tâches (Cas de 4 opératrices) 58
Tableau 11: Affectation des tâches (Cas de 3 opératrices) 58
Tableau 12: Affectation des tâches (Cas de 2 opératrices) 59
Tableau 13 : Temps de cycle par opératrice et taux d'équilibrage pour les trois cas étudiés - 1531319 60
Tableau 14: Equilibrage des postes (1531319) 62
Tableau 15: Affectation des postes (Cas de 4 opératrices) 64
Tableau 16 : Affectation des postes (Cas de 3 opératrices) 65
Tableau 17: Affectation des tâches (Cas de 2 opératrices) 66
Tableau 18: Nouveaux temps de cycle par et taux d'équilibrage - 1531319 66
Tableau 19: Analyse des problèmes de perte de la performance 70
Tableau 20: Capacité des box actuels 73
Tableau 21: Capacité des nouveaux box 74
Tableau 22: Améliorations au niveau matériels 76
Tableau 23: Amélioration des taux de performance 82
Tableau 24: Amélioration de DMH 84
Tableau 25: Temps de changement de série avant amélioration 86
Tableau 26: Temps de changement de série après amélioration 87
Tableau 27: Défauts présents 90

Liste des figures

LISTE DES FIGURES

Figure 1: Les principales sources de gaspillage (7 MUDA) [3]	15
Figure 2: Sources de gaspillage et outils d'amélioration	17
Figure 3: Diagramme Pareto [5]	17
Figure 4: Diagramme Ichikawa [7]	18
Figure 5: Taux de rendement synthétique	24
Figure 6: Plan ACT et position de la ligne de production à étudier	28
Figure 7: (a) La référence 217536E - (b) La référence 1531319	29
Figure 8: Dessin détaillé de a référence 217536 E	29
Figure 9: Dessin détaillé de a référence 1531319	30
Figure 10: Conception de la ligne "Center Push"	33
Figure 11: Flux de production de la référence 217536E	34
Figure 12: Flux de production de la référence 1531319	35
Figure 13: Poste 1	36
Figure 14: Assemblage - Poste 1	36
Figure 15: Poste 2	37
Figure 16: Assemblage - Poste 2	38
Figure 17: Poste 3	39
Figure 18: Assemblage- poste 3	39
Figure 19: Poste 4	40
Figure 20: Assemblage - poste 4	40
Figure 21: Testeur électrique	41
Figure 22: Test électrique	41
Figure 23: Machine de timbrage	42
Figure 24: Opération de Timbrage	43
Figure 25: Emballage	43
Figure 26: Flux physique des produits	45
Figure 27: TRS	47
Figure 28: Temps de cycle par opératrice (en seconde) -Cas de 4 opératrices	50
Figure 29: Temps de cycle par opératrice (en seconde) - Cas de 3 opératrices	51
Figure 30: Temps de cycle par opératrice (en seconde) - Cas de 2 opératrices	52
Figure 31: Temps correspondant aux opérations du poste goulot (en seconde)	53
Figure 32: Diagramme d'antériorité	53
Figure 33: Nouvelle implantation	55
Figure 34 : Nouveaux temps de cycle par opératrice (en seconde) - Cas de 3 opératrices	56
Figure 35: Nouveaux temps de cycle par opératrice (en seconde) - Cas de 2 opératrices	56
Figure 36: Amélioration des taux d'équilibrage – 217536 E	57

Liste des figures

Figure 37: Temps de cycle par opératrice (en seconde) - Cas de 4 opératrices	58
Figure 38: Temps de cycle par opératrice (en seconde) - Cas de 3 opératrices	59
Figure 39: Temps de cycle par opératrice (cas de 2 opératrices)	59
Figure 40: Temps de chaque poste (en seconde) – 1531319	60
Figure 41: Allumeur + Canotto	61
Figure 42: Diagramme d'antériorité - 1531319	63
Figure 43: Nouvelle conception - 1531319	63
Figure 44: Temps de chaque poste après amélioration (en seconde)	64
Figure 45: Nouveau temps de cycle par opératrice (en seconde) - Cas de 4 opératrices	65
Figure 46 : Nouveaux temps de cycle par opératrice (en seconde) - Cas de 3 opératrices	65
Figure 47: Nouveaux temps de cycle par opératrice (en seconde) - Cas de 2 opératrices	66
Figure 48: Amélioration des taux d'équilibrages - 1531319	67
Figure 49 : Etat de l'étagère : (a) étagère dis-ordonné – (b) étagère ordonné	71
Figure 50: box rouge : (a) box non fixé – (b) position du box	71
Figure 51: Nouvelle position du box rouge	72
Figure 52: Outil de chargement	72
Figure 53: Nouvelle position du poste d'emballage - 1531319	72
Figure 54: Encombrement causé par les plateaux	73
Figure 55: Comparaison entre les box: (a) Box A et C – (b) Box A et D – (c) Box B	74
Figure 56: Conception de l'ouverture des box : (a) Ouverture très petite – (b) : Ouverture grande	75
Figure 57: Temps de chargement avant et après amélioration pour chaque poste (en minute)	75
Figure 58: Temps total de chargement avant et après amélioration (en minute)	76
Figure 59 : Barrière immatérielle	80
Figure 60: Amélioration des taux de performances	82
Figure 61: Amélioration de DMH	84
Figure 62: Amélioration du temps de changement de série (en minute)	87
Figure 63: : Pareto 217536E	91
Figure 64: Pareto 1531319	91
Figure 65: Défaut esthétique: (a) Pièce conforme - (b) Pièce non conforme	92
Figure 66: Ichikawa Esthétique	93
Figure 67: Conception du poinçon : (a) Conception actuelle – (b) Conception proposée	94
Figure 68: Nouvelle conception du support de la presse 4	95
Figure 69: Mouvement de "va et vient" de l'Ash-guard	95
Figure 70: Ichikawa Ash-guard bloqué	96
Figure 71: Tige de nettoyage	97
Figure 72: Nettoyage par air comprimé	97

Liste des figures

Figure 73: Contrôle préventif de diamètre de l'unité   98
Figure 74: Allumeur conforme   98
Figure 75: Ichikaa Allumeur bloqué   99
Figure 76: Coaxialité entre le poinçon et le support de la presse d'assemblage final   100
Figure 77: Frottement bague/bouchon   101
Figure 78: Matage   101
Figure 79: (a). Pièce conforme - (b). Bouchon inséré   102
Figure 80: Ichikawa Bouchon bombé/inséré   103
Figure 81: (a). Unité utilisé réellement dans l'assemblage (217403) - (b): Unité indiqué dessiné dans le plan (218815)   103
Figure 82: Bouchon inséré totalement dans l'unité 218815   104
Figure 83: Cotation dimensionnelle - 1531319   104
Figure 84: marquage de la hauteur de la presse   105
Figure 85: Test de la pièce 1531439   106

Introduction générale

De nos jours, les entreprises industrielles vivent constamment des évolutions magistrales dans un environnement où l'excellence est le principal atout vers la réussite et le développement.

En vue d'améliorer leur productivité, la plupart des entreprises faisaient quotidiennement des efforts, axés typiquement sur l'amélioration continue de la de production (ateliers et postes de travail).

L'amélioration continue des systèmes et des méthodes de production se repose sur des outils et des techniques standards bien étudiées. Le concept de « production au plus juste » ou Lean Manufacturing a été développé dans ce but. Il s'agit d'identifier en vue de réduire, voire de supprimer, toutes les opérations sans valeurs ajoutées. En effet, la plupart de ces opérations correspondent à des attentes inutiles des produits et des pièces dans le cycle de production.

Appliquer un projet d'amélioration consiste en particulier à optimiser les temps de cycle des postes de travail, améliorer la productivité, réduire le temps de changement d'outillage et le taux de rejet des produits de mauvaise qualité, minimiser les coûts...

C'est dans ce cadre général que se situe ce projet intitulé « Amélioration des performances d'une ligne de production » qui s'est déroulé au sein de l'entreprise ACT.

L'ACT, « Automotive Components Tunisia », est une multinationale automobile germano-américaine appartenant au groupe « Casco Product Corporation Leader » pionnière dans le domaine de la fabrication des composants électriques pour les grands constructeurs. Un groupe qui fabrique essentiellement Capteur solaire, Capteur thermique, Capteur de lumière, Allume

Introduction générale

cigares, etc. Ses principaux clients sont : Peugeot, GM, Ford, Volvo, Audi, Ferrari…Etc. Son usine en Tunisie est implantée dans la zone industrielle de Menzel Bourguiba.

Ce projet consiste à faire l'amélioration des performances (productivité, qualité) de la ligne de production des allumes cigares en intervenant sur deux axes. Premièrement, on va s'intéresser à faire l'étude de la conception de la ligne (équilibrage et implantation des postes). Dans une deuxième étape, on va s'intéresser à la partie exploitation de la ligne en essayant d'améliorer la performance des opératrices et diminuer le taux de rebuts.

A cet effet, le rapport sera divisé en cinq chapitres.

Le premier chapitre est consacré à l'étude bibliographique de la démarche KAIZEN, les indicateurs et les techniques à utiliser pour évaluer les performances (avant et après améliorations) et les outils de qualité qu'on aura besoin lors de ce travail.

Le second chapitre comporte une présentation détaillée du cadre et du cahier de charge du projet. En effet, on va décrire les produits à étudier, l'implantation de la ligne et les postes qui la constituent. Après, on va faire un diagnostic global du système existant pour mettre en lumière les principaux dysfonctionnements de la ligne.

Dans le chapitre suivant, on va traiter les problème des attentes de travail et les cumuls des pièces (retard) en étudiant la conception de la ligne afin de trouver une meilleure implantation des postes dans le but de rendre la ligne plus équilibrée.

Le quatrième chapitre est réservé à l'amélioration des performances des opératrices en essayant de supprimer les mouvements inutiles et porter des simples modifications aux équipements.

Introduction générale

On présentera dans le dernier chapitre une analyse des principaux défauts du produit -en utilisant le diagramme Pareto, le diagramme Ichikawa et les tableaux FTA- et la mise en place d'un plan d'action.

On finira par une conclusion qui exposera les différents observations et résultats identifiés tout au long de ce travail.

Chapitre I: Etude bibliographique

Etude bibliographique

Chapitre I :
Etude bibliographique

1. Introduction

Dans cette partie, on va se présenter des différents outils qu'on va utiliser tout au long de cette étude.

Sachant que l'entreprise adopte le fondement "KAIZEN", on va commencer par définir ce dernier ainsi que ses étapes et énoncer quelques outils mobilisés par cette démarche.

On amorcerais l'étude par l'amélioration de la conception de la ligne pour ceci on va présenter les méthodes de mesure de travail ainsi que les outils d'équilibrage des postes tel que le taux d'équilibrage, le TAK Time et la méthode du plus grand candidat.

Dans un second temps, on va se focaliser sur l'amélioration des performances des opératrices en se référant aux indicateurs TRS (Taux de Rendement Synthétique) et DMH (indicateur d'exploitation des ressources humaines).

On va achever cette étude bibliographique par la présentation de l'outils FTA (Factor Tree Analysis) qu'on va utiliser lors de l'étude de la qualité de la ligne.

1. Fondement KAIZEN [1], [2]

2.1. Définition

« KAIZEN » est un mot qui se compose de deux termes Kai=changer et Zen=bien (pour le meilleur).

Comme tout processus ne peut jamais être déclaré parfait, il existe toujours plusieurs possibilités d'améliorations.

Cette démarche est une philosophie de management se base essentiellement sur l'amélioration continue et simple de la qualité et la productivité des systèmes de production sans avoir recours à des moyens compliqués, tout en impliquant les différents acteurs de l'entreprise (ingénieurs, techniciens, ouvriers,...).

Kaizen :
- Amélioration tous les jours
- Améliorations par tous
- Amélioration partout
- De l'amélioration de petit pas jusqu'à l'amélioration stratégique

C'est une démarche graduelle, continue et constante qui vise à améliorer la qualité et l'efficacité de l'activité de l'entreprise en réduisant les opérations sans valeurs ajoutées (MUDA) ce qui permet d'éliminer le maximum les sources de gaspillage.

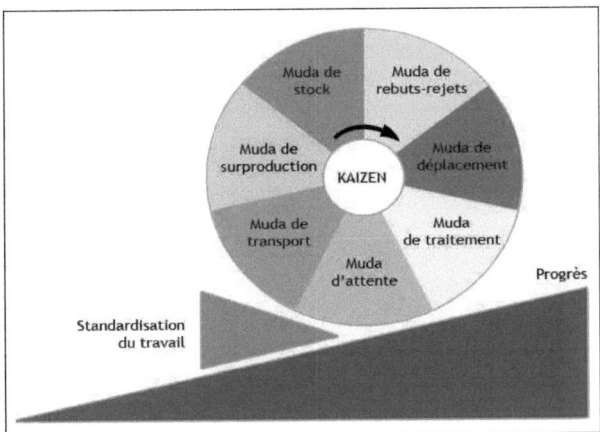

Figure 1:Les principales sources de gaspillage (7 MUDA) [3]

Cette approche se base sur dix points :
1. Au lieu d'expliquer ce que l'on ne peut pas faire, penser à comment faire.
2. Partir toujours de faits observés et mesurés sur le terrain.

Etude bibliographique

3. Notre rôle c'est avoir des résultats plutôt que des idées géniales sans suite.
4. Ne pas attendre d'être parfait, gagner 60 % de l'objectif dès maintenant.
5. Les solutions contraires à l'intérêt général sont interdites.
6. Les bonnes idées de 10 valent mieux que l'inspiration d'un seul.
7. Faire bon du premier coup, corriger immédiatement toutes les erreurs.
8. Avant d'agir, se poser systématiquement 5 fois la question "pourquoi?".
9. Les difficultés et les contraintes sont des occasions de progrès.
10. Améliorer en permanence, le progrès n'a pas de limite.

2.2. Les étapes KAIZEN

La démarche KAIZEN s'effectue en six étapes :

1. Revoir les standards
2. Vérifier les performances actuelles
3. Estimer combien et comment les performances peuvent être améliorées
4. Stabiliser les nouvelles performances
5. Réviser les standards

2.3. Exemples d'outils utilisés par la démarche KAIZEN

Plusieurs outils peuvent être utilisés lors de l'application l'approche KAIZEN. Parmi ces outils, on va citer : diagramme Pareto, diagramme Ichikawa, le travail standardisé, 5s,...

Etude bibliographique

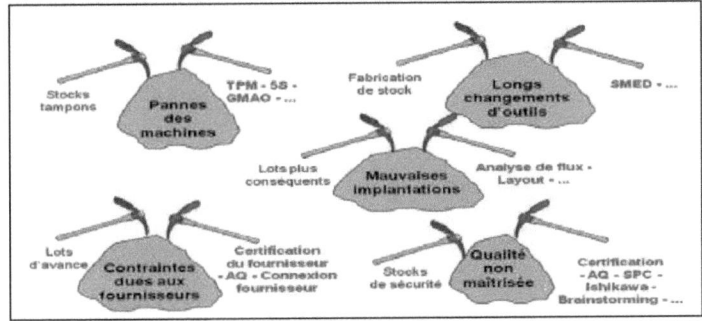

Figure 2: Sources de gaspillage et outils d'amélioration

2.3.1. Diagramme Pareto [4]

C'est un outil de classification des phénomènes par ordre d'importance. Il subit la loi 20/80 autrement dit 20% des causes produisent 80% des effets. Il suffit de travailler sur ces 20% pour influencer fortement le phénomène. Il est jugé un outil efficace pour la prise de décision.

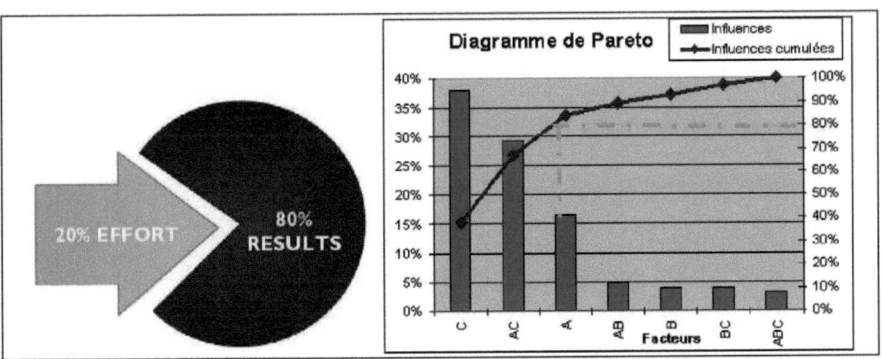

Figure 3: Diagramme Pareto [5]

2.3.2. Diagramme Ichikawa [6]

Le diagramme Ichikawa ou diagramme causes effets appelé aussi diagramme en arêtes de poisson (d'après sa forme).

Etude bibliographique

Chaque problème a ses causes. Afin de connaître toutes ces causes, on a recours à utiliser des outils efficaces qui permettent de les citer toutes sans oublier aucune d'elles. C'est dans ce sens que le diagramme Ichikawa est utilisé.

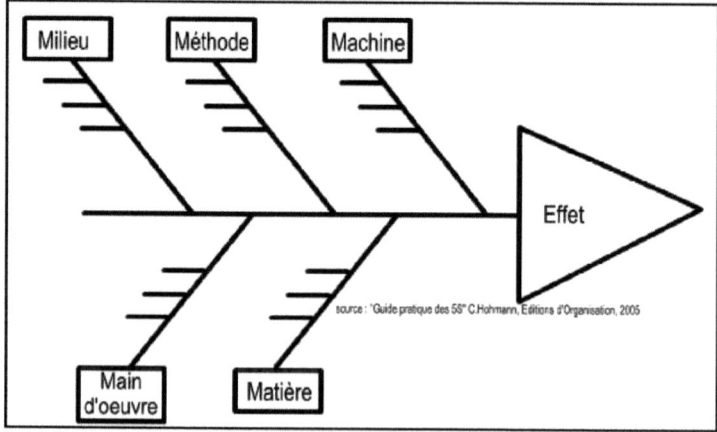

Figure 4: Diagramme Ichikawa [7]

2.3.3. Le travail standardisé

C'est la méthode la plus efficace de faire un travail avec le minimum de gaspillage, grâce à une combinaison des efforts humains et des équipements.

Travail standardisé :
- Les opérateurs respectent les séquences des fiches des instructions.
- Les modes opératoires sont clairement définies et affichés au poste.
- Les opérateurs utilisent les mêmes machines et les outils préconisés.
- Les produits sont stockés toujours aux mêmes endroits.

2.3.4. La méthode 5s

C'est une technique qui transforme physiquement l'environnement des postes du travail et agit durablement sur l'état d'esprit du personnel. Elle est composée de 5 étapes dont l'application permet de bien aménager les postes de travail. Elle tire son origine de la première lettre de chacun des 5 mots japonais qui la compose. Cette méthode vise à créer et à maintenir l'environnement de travail propre, bien ranger, agréable à vivre et sécurisé.

Les 5 étapes de la méthode sont :

1- **Seiri** : Eliminer ou se Débarrasser

Eliminer tout ce qui est inutile tels que les outillages et les documents n'intervenant ni dans la production ni dans le réglage.

2– **Seiton** : Ranger

Ranger tout ce qui est nécessaire pour le fonctionnement du poste de travail tels que les outillages et les documentations et ce pour éviter les arrêts inutiles. On doit respecter le fait d'allouer une place pour chaque chose et chaque chose doit être à sa place.

3– **Seisso** : Nettoyer

Respecter la propreté des installations, c'est-à-dire éliminer les poussières, les graisses, les rebuts.... C'est un moyen d'inspection et de contrôle de machine qui permet de détecter les anomalies.

4– **Seiketsu** : Standardiser

Cette étape réunie les trois étapes précédentes en établissant des règles précisant les moyens pour assurer la propreté et éliminer tout type de désordre.

5– **Shitsuke** : Respecter ou être rigoureux.

3. La mesure de travail [8], [9]

C'est l'application de certaines techniques visant à déterminer le contenu du travail d'une tâche donnée par le calcul du temps de son exécution, selon une norme de rendement bien définie.

3.1. Méthode de mesure de travail

Il existe plusieurs méthodes de mesure de travail comme le chronométrage, la méthode des temps standards et le catalogue des temps.

3.1.1. Chronométrage

C'est la mesure du temps durant lequel un travail s'accomplit, ce temps est mesuré mécaniquement en observant le poste et l'exécutant, et ce à l'aide d'un chronomètre. C'est la méthode la plus utilisée, car elle est la plus simple et la plus rapide.

3.1.2. Méthode des Temps Standards

Cette méthode, ne nécessite pas l'existence physique d'un poste de travail, les temps correspondants aux mouvements sont assemblés sur les tables MTM.

3.1.3. Le catalogue des temps

Pour connaître les temps d'un nouveau modèle, on recherche les pièces analogues étudiés, il suffit alors de combiner les éléments et procéder à une nouvelle synthèse.

La méthode qu'on va utiliser lors de cette étude est la méthode de chronométrage.

3.2. Types de chronométrage

On peut définir plusieurs types de chronométrages :

- **Sans jugement d'allure**

3.2.1. Chronométrage de diagnostic

Au niveau d'un poste de travail ou d'une chaine de production, on constate plusieurs types d'anomalies: Attente de travail - Cumul des pièces (retard) - Malfaçon et qualité instable - Non respect des délais de fabrication.

Ce type de chronométrage permet de localiser cette anomalie.

3.2.2. Chronométrage d'étude

Après le chronométrage de diagnostic, on va approfondir l'analyse pour découvrir les causes des anomalies et les corriger.

Le chronométrage d'étude a pour but de :

- Déterminer un temps approximatif pour un élément ou un groupe d'éléments de travail.
- Etudier la stabilisation du poste.

- **Avec jugement d'allure**

3.2.3. Chronométrage de fixation de tâche

Le poste est stable, on utilise un chronométrage approfondit avec jugement d'allure pour profiter de cette stabilisation et déterminer les temps de référence « T_0 ».

Ces temps sont fiables, ce qui permet de les exploiter.

3.2.4. Chronométrage de confirmation

Il s'agit de contrôler le temps déterminé par le chronométrage de fixation de tâche.

En général, c'est une comparaison entre ces temps avec les temps passés réellement à la production.

Dans la suite de cette étude, on a choisi le chronométrage d'étude comme type de chronométrage. En effet, la ligne représente beaucoup d'anomalie qui se manifeste par un déséquilibre entre les postes.

Remarque : Le jugement d'allure (J.A) est une estimation avec laquelle on juge la vitesse de travail (allure) d'un exécutant par rapport à une vitesse de base appelée allure de référence.

Etude bibliographique

Pour qu'un chronométrage soit valable, il faut:

- Avoir chronométré 10 à 30 fois le même travail.
- Prendre en compte la vitesse d'exécution (JA)

4. Equilibrage des postes [10]

4.1. Taux d'équilibrage

On défini le retard d'équilibrage d'une ligne par la formule :

$$\tau = \frac{N * Tc - \sum Tsi}{N * Tc}$$

Avec : N = nombre des postes
Tc = temps de cycle
Tsi = temps de poste i

4.2. Temps de TAKT (TAK Time) :

Le temps de TAKT se définit comme étant le temps disponible divisé par la demande du client dans un intervalle de temps donné.

$$TAKT = \frac{Temps\ disponible}{Demande\ du\ client}$$

4.3. Méthode de plus grand candidat

C'est une méthode d'équilibrage qui se fait sur quatre étapes :

- **Etape 1** : faire la liste de tous les éléments dans l'ordre décroissant selon leur valeur de Tc

- **Etape 2** : attribuer des éléments au premier poste de travail. Commencer au sommet de la liste et descendre en choisissant le premier élément susceptible d'être attribué à ce poste. Un élément susceptible est un élément qui satisfait aux contraintes de priorités et ne rendra pas la somme des valeurs de Tc sur un seul poste supérieure à la durée de cycle Tc.

Etude bibliographique

- **Etape 3** : continuer le processus d'attribution d'éléments de travail au poste jusqu'à ce qu'aucun autre élément ne puisse être ajouté sans dépasser Tc.

- **Etape 4** : répéter les étapes 2 et 3 pour les autres postes de la chaine jusqu'à l'attribution de tous les éléments.

5. TRS : Taux de Rendement Synthétique [11]

Le taux de rendement synthétique est un indicateur qui permet de localiser où se situe exactement le problème qui freine la productivité :

5.1. Performance des opératrices

Mouvements sans valeurs ajoutée, ergonomie,...

- Taux de Performance = (Temps de cycle x Production réelle)/ Temps de production réel

- Temps de cycle (heures/item) = 1 / Capacité de production maximum (quantité/heure)

5.2. Le taux de qualité

La quantité de produit non conforme

- Taux de Qualité = (Production réelle - Production rejetée)/ Production réelle

- Production rejetée (quantité) = Quantité de produits n'ayant pas atteint le niveau de qualité requis.

5.3. La disponibilité des équipements

Pannes, Approvisionnements en Matière première,...

- Taux de Disponibilité = Temps de production réel / Temps de production théorique

Etude bibliographique

- Temps de production réel (heures) = (Temps de production théorique (heures) − Temps d'arrêt (heures))
- Temps de production théorique (heures) = Nombre d'heures travaillées

Le traitement de ce facteur fait intervenir tous les acteurs de l'entreprise : Production, Qualité, Logistique, Maintenance, Méthodes, Achats,...

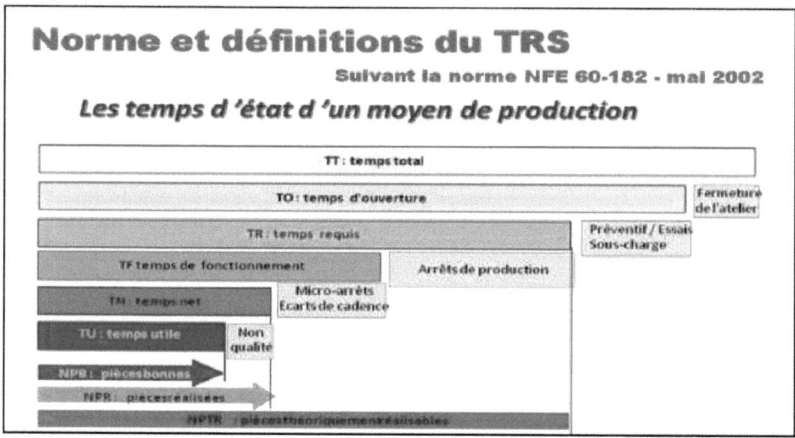

Figure 5: Taux de rendement synthétique

6. L'indicateur DMH

Il permet de mesurer le taux d'exploitation des ressources humaine lors de la production.

le DMH se calcule de la façon suivante :

$$DMH = \frac{(\text{Nbre d'heures par équipe}) * (\text{Nbre d'opérateurs par équipe}) * 10000}{\text{Qté produite par équipe}}$$

7. L'outil FTA (Factor Tree Analysis) [12]

Les causes racines de n'importe quel problème en qualité sont déterminées à l'aide de l'outil FTA, le travail avec cet outil est basé sur le travail en groupe après avoir construit un Groupe de Résolution du Problème (GRP) pour une résolution plus rigoureuse grâce à la mise en commun de plusieurs compétences et les expériences des personnes. Cet outil est basé sur les 4M : Matière, Machine, Main d'œuvre et Méthode.

FTA est représenté sous forme d'un tableau qui permet de :

- Regrouper tous les facteurs capables de faire apparaître le défaut qualité.
- Vérifier si ce facteur est contrôlé par l'opérateur ou non (si oui on se réfère à un point de contrôle)
- Rappel du standard par rapport à ces facteurs.
- Présenter les résultats mesurés (du facteur) sur une bonne pièce et une autre mauvaise.
- Avoir un jugement par rapport à ces facteurs, sur l'efficacité du standard et sur l'existence d'une relation directe entre ces facteurs et le défaut détecté.

CHAPITRE II: Description et étude de la performance de la ligne de production concernée

Chapitre II:

Description et étude de la performance de la ligne de production concernée

1. Introduction

Dans ce chapitre, on donnera un aperçu sur l'entreprise et on fera une présentation détaillée de la ligne de production objet de notre étude et ses spécifications: produits, tâches, implantation des postes, conception de la ligne. On finira ce chapitre par une étude de la performance actuelle de la ligne.

2. Présentation de l'entreprise

La société ACT « Automotive Components Tunisia » a été crée en décembre 2001 et a démarré la production en septembre 2002.

C'est une société totalement exportatrice « Off-Shore » appartenant au groupe « CASCO », qui a pour secteur d'activité la Manufacture des cartes électroniques et des composants électromécaniques pour l'industrie automobile (sans conception ni développement des produits).

Cette société fabrique 308 articles répartis sur 59 lignes de production (Figure 6) délivrés comme suit:

- Casco Scholler (Allemagne) : 167 articles
- Casco Imos (Italie) : 122 articles
- Casco Product (USA) : 11 articles
- GM et Volvo (clients finals) : 8 articles

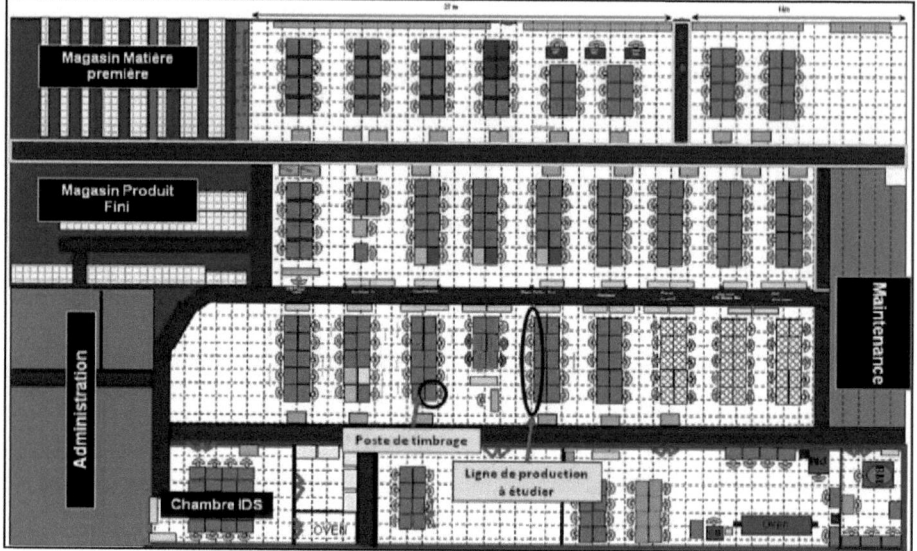

Figure 6: Plan ACT et position de la ligne de production à étudier

Il faut signaler qu'ACT produit dix références des allumes cigares (pratiquement ils ont le même processus de travail), deux parmi eux sont fabriqués dans la ligne de production objet de cette étude.

Dans ce qui suit, on va présenter le produit ainsi que la ligne de production.

3. Présentation des produits

Les deux produits à étudier sont référenciés comme suit :

- Référence 1 : 217536 E, c'est une allume cigare assemblée sur quatre postes, fabriquée pour « Casco Product »

- Référence 2 : 1531319, c'est une allume cigare assemblée qui passe en plus des quatre postes précédents (de la référence 217536 E) d'un testeur électrique et d'une timbreuse. Ce produit est fabriqué pour VOLVO.

On note que ses deux références sont similaires et chacun d'eux est constituée de 6 composants (figure 7).

Description et étude de la performance de la ligne de production concernée

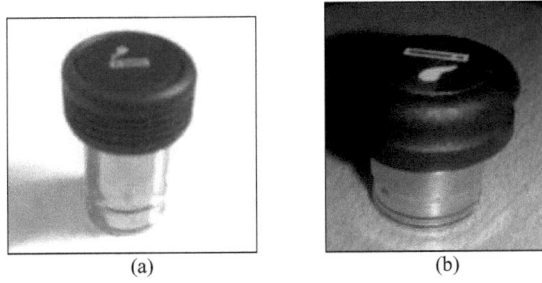

Figure 7: (a) La référence 217536E - (b) La référence 1531319

Les dessins d'ensembles de ces deux références sont mentionnés dans les figures 8 et 9.

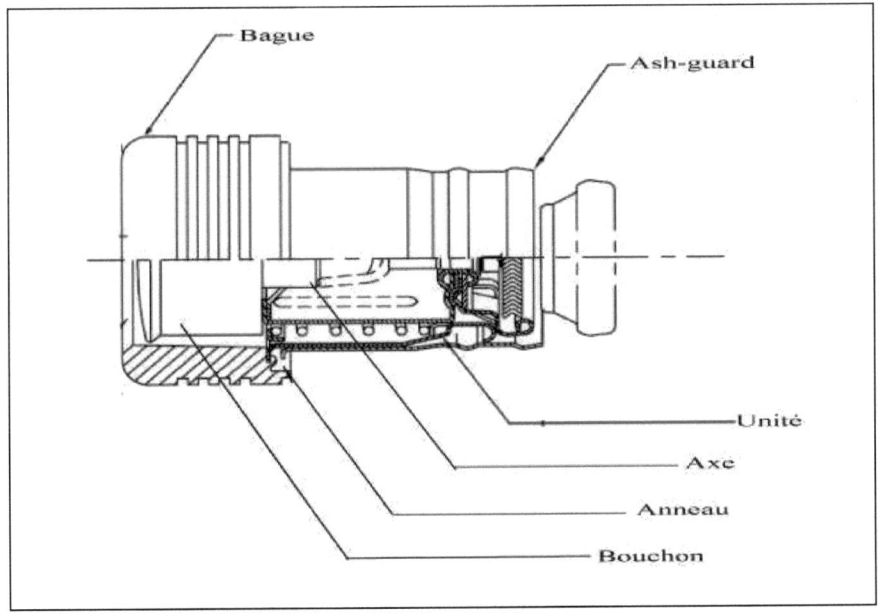

Figure 8: Dessin détaillé de a référence 217536 E

Description et étude de la performance de la ligne de production concernée

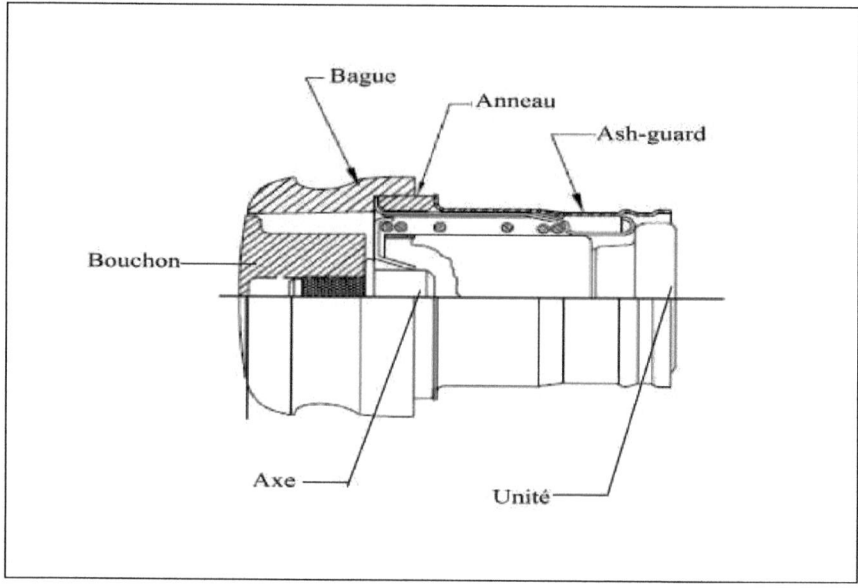

Figure 9: Dessin détaillé de a référence 1531319

Les composants requis pour l'assemblage de ces deux produits sont donnés par les deux tableaux suivants (tableau 1):

Tableau 1: (a) Composants requis pour la référence 217536E - (b) Composants requis pour la référence 1531319

Composant	Photo	Composant	Photo
Unité 217403A		Unité 217403A	
Bague 6010400038-00		Bague 722A106	
Anneau 6010400035-00		Anneau 813A167	
Ash-guard 206035J		Ash-guard 207818L	
Axe 216500D		Axe 216500D	
Bouchon 217502C		Bouchon 722A106	
(a)		(b)	

4. Présentation la ligne de production de production

C'est la ligne « Center Push » conçue pour faire l'assemblage de deux références différentes d'allume cigares (217536 E et 1531319):

La première référence est assemblée sur 4 postes comme suit :

- ✓ Poste1 : Soudure ultrasonique (figure 13)
- ✓ Poste2 : Assemblage Ash-guard (figure 15)
- ✓ Poste3 : Assemblage Bouchon (figure 17)
- ✓ Poste4 : Assemblage final (figure 19)

La deuxième référence est travaillée en plus des 4 postes précédents :

- ✓ Poste5 : Test électrique (figure 20)
- ✓ Poste6 : Timbrage (figure 23)
- ✓ Poste7 : Contrôle avec emballage

4.1. Conception de la ligne

La fabrication de la référence 217536 E se limite au poste 4, alors que pour fabriquer la référence 1531319, le produit doit passer par sept postes (figure 10).

Description et étude de la performance de la ligne de production concernée

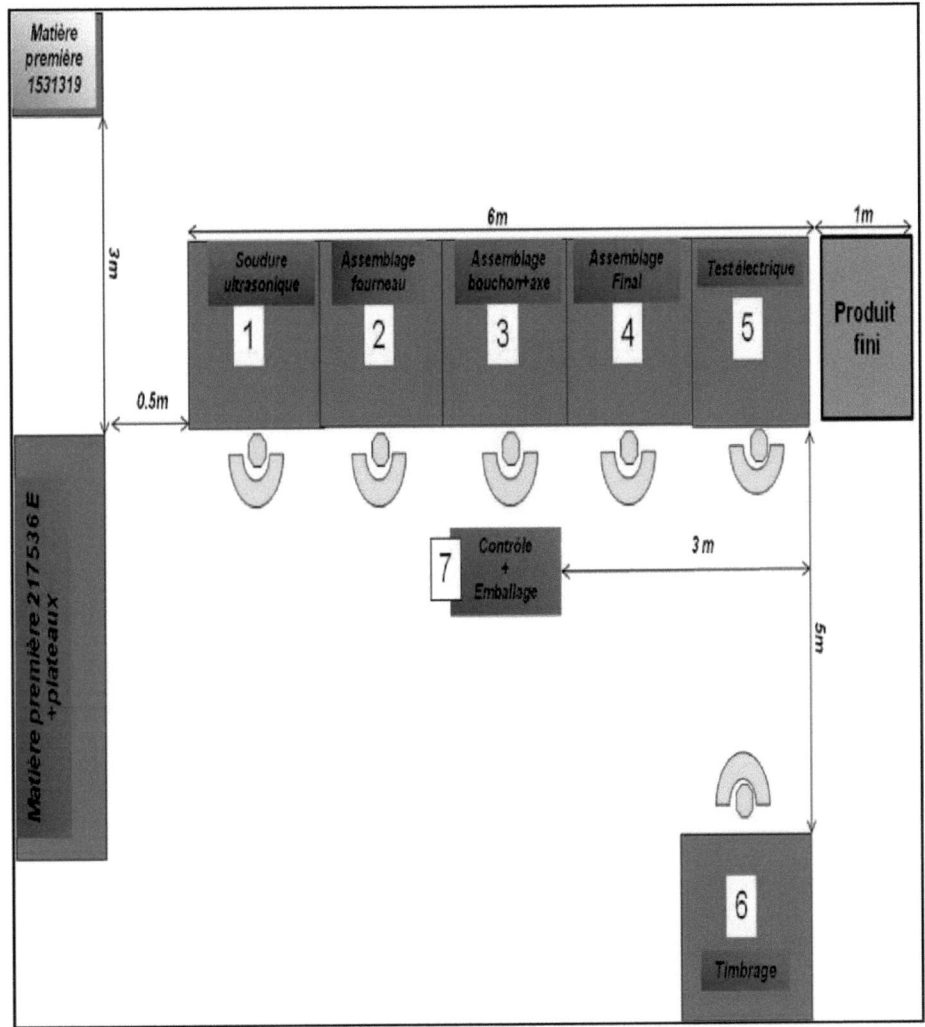

Figure 10: Conception de la ligne "Center Push"

La fabrication de la référence 217536 E se limite au poste 4, alors que pour fabriquer la référence 1531319, le produit doit passer par sept postes (figure 10).

4.2. Flux de production de la référence 217536E (figure 11)

Ce produit est fabriqué sur 4 postes.

Description et étude de la performance de la ligne de production concernée

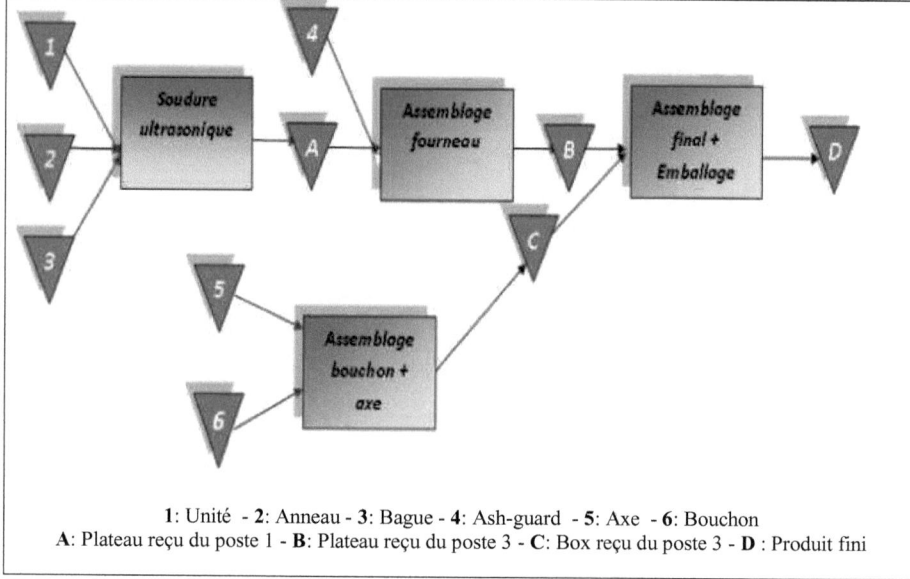

1: Unité - **2**: Anneau - **3**: Bague - **4**: Ash-guard - **5**: Axe - **6**: Bouchon
A: Plateau reçu du poste 1 - **B**: Plateau reçu du poste 3 - **C**: Box reçu du poste 3 - **D** : Produit fini

Figure 11: Flux de production de la référence 217536E

Description et étude de la performance de la ligne de production concernée

4.3. Flux de production de la référence 1531319 (figure 12)

Ce produit est fabriqué en plus des quatre postes précédents de deux autres postes : testeur électrique et une machine de timbrage.

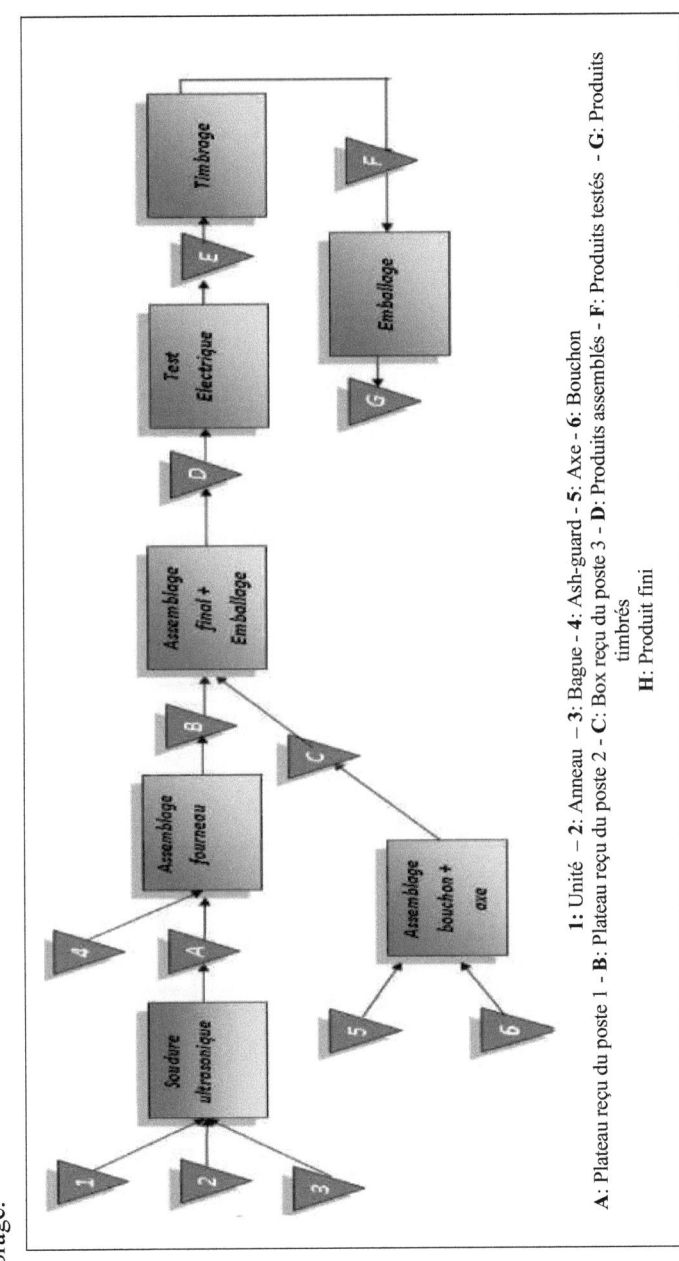

1: Unité – **2**: Anneau – **3**: Bague - **4**: Ash-guard - **5**: Axe - **6**: Bouchon
A: Plateau reçu du poste 1 - **B**: Plateau reçu du poste 2 - **C**: Box reçu du poste 3 - **D**: Produits assemblés - **F**: Produits testés - **G**: Produits timbrés
H: Produit fini

Figure 12: Flux de production de la référence 1531319

4.4. Description de chaque poste

4.4.1. Poste 1

Dans ce poste, on fait l'assemblage de la bague, l'anneau et l'unité en utilisant une machine de soudure ultrasonique.

A : Machine de soudure ultrasonique (PrS-007)

B : Box des matières premières

C : Box des pièces non conformes

D : Plateaux des pièces semis finis

E : Dossier SPC

F : Instructions de travail

Figure 13: Poste 1

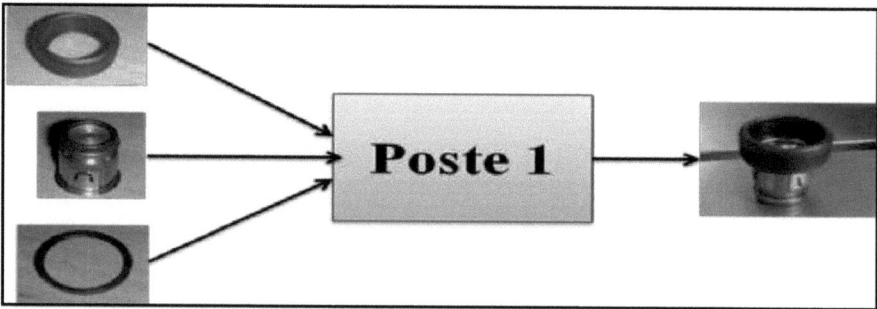

Figure 14: Assemblage - Poste 1

L'ensemble des opérations effectuées sur ce poste sont les suivants :

1- Contrôler la matière première
2- Monter l'ensemble : Unité + Bague + Anneau
3- Mettre l'ensemble sur le support de la machine
4- Descendre le poinçon
5- Prendre la pièce semi-finie et la mettre dans le plateau approprié

4.4.2. Poste 2

En utilisant une presse manuelle, on effectue l'assemblage de la pièce déjà soudée dans le poste 1 avec le Ash-guard.

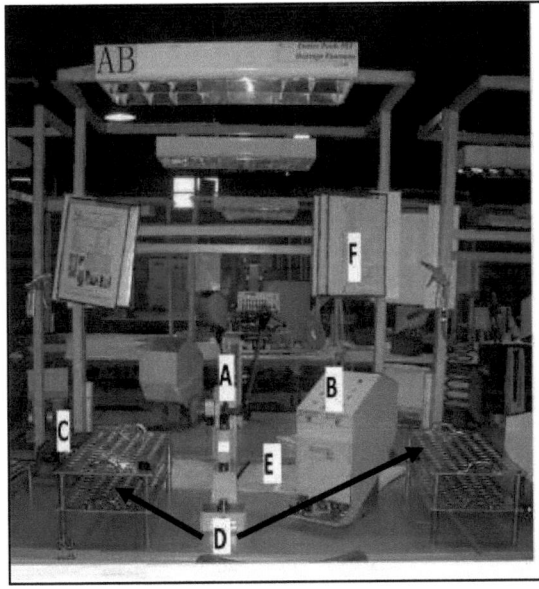

A : Presse d'assemblage (PrS- 005)

B : Box de matière première

C : Box des pièces non conformes

D : Plateaux des pièces semis finis

E : Dossier SPC

F : Instructions de travail

Figure 15: Poste 2

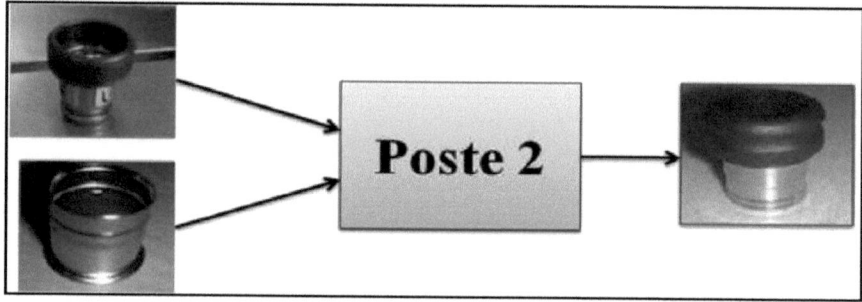

Figure 16: Assemblage - Poste 2

L'ensembles des opérations effectuées sur ce poste sont les suivants :

1- Contrôler la matière première et le produit semi-fini
2- Placer l'unité réchauffante sur le support
3- Mettre l'Ash-guard sur l'unité
4- Faire descendre le levier de la presse
5- Démonter l'ensemble et le mettre dans le plateau approprié

4.4.3. Poste 3

Dans ce poste, l'assemblage du bouchon avec l'axe est effectué à l'aide d'une presse manuelle.

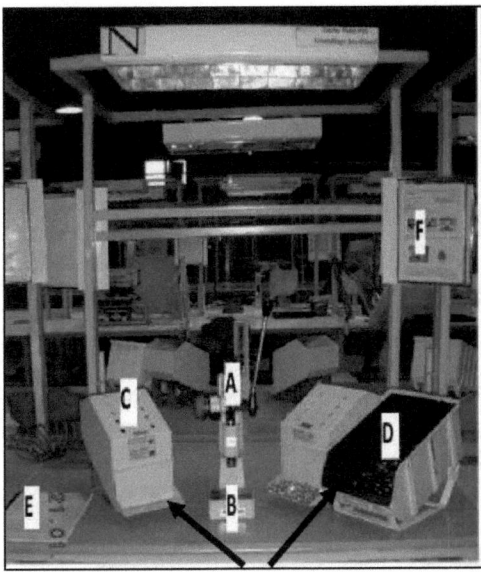

	A : Presse d'assemblage (PrS- PrS-076)
	B : Box des matières premières
	C : Box des pièces non conformes
	D : Box des pièces semis finis
	E : Dossier SPC
	F : Instructions de travail

Figure 17: Poste 3

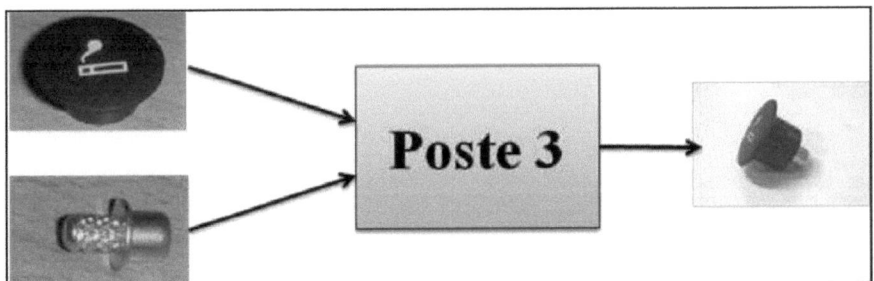

Figure 18: Assemblage- poste 3

L'ensemble des opérations effectuée sur ce poste sont les suivants :

1- Contrôler la matière première
2- Monter le Bouchon sur le support de la presse
3- Monter l'axe dans le poinçon
4- Faire descendre le levier de la presse
5- Prendre l'ensemble et le mettre dans le box approprié

4.4.4. Poste 4

Les pièces déjà assemblées dans le poste 2 et le poste 3 doivent passer par ce poste pour un assemblage final.

A : Presse d'assemblage (PrS-078)

B : Box des pièces semis finis

C : Plateau des pièces semis finis

D : Box des pièces de validation presse

E : Box des pièces non conformes

F : Dossier SPC

G : Instructions de travail

Figure 19: Poste 4

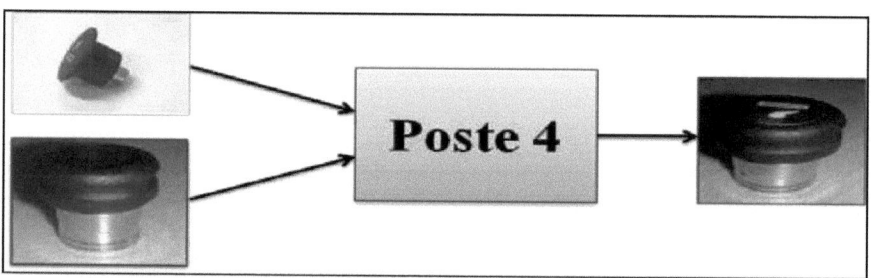

Figure 20: Assemblage - poste 4

Les opérations effectuées sur ce poste sont les suivants :

1- Contrôler les pièces semi-finis (assemblées aux postes 2 et 3)
2- Monter l'unité réchauffante dans le poinçon
3- Mettre le Bouchon sur le support

4- Faire descendre le levier de la presse
5- Contrôler la pièce assemblée
6- Prendre l'ensemble et le mettre dans le plateau approprié

4.4.5. Poste 5

Ce poste est réservé seulement pour la référence 1531319, pour faire un test électrique dans le but de vérifier la fonctionnalité du produit.

A : Testeur (TsF-023)

B : Box des pièces non conforme

C : Plateau des pièces testés

D : Instructions de travail

Figure 21: Testeur électrique

Figure 22: Test électrique

L'ensemble des opérations effectuées sur ce poste sont :

1- Prendre dix pièces les monter dans le testeur
2- Faire marcher le testeur
3- Démonter les pièces testées
4- Mettre les pièces testées dans le box approprié
5- Refroidir les supportss des pièces testées (dans le testeur) à l'aide du compresseur.

4.4.6. Poste 6

Afin d'être timbrer, toute les pièces de la référence 1531319 doivent passer par ce poste.

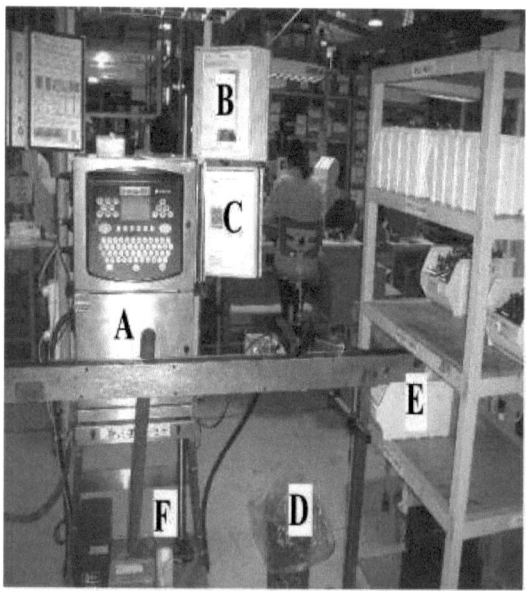

A: Machine de timbrage

B-C : Les instructions de travail

D : Poubelle

E : Bac des pièces timbrés

F : Solvant

Figure 23: Machine de timbrage

Figure 24: Opération de Timbrage

Les opérations effectuées sur ce poste sont les suivants:

1- Prendre la pièce et la mettre sur le support du convoyeur
2- Contrôler la pièce après timbrage

4.4.7. Poste 7

Le poste 7 présente le poste d'emballage (figure 25).

Pour la référence 217536 E, l'emballage est effectué par l'opératrice 4 au niveau du poste d'assemblage final. Alors que pour la référence 1531319, les opératrices doivent faire un contrôle final au produits avant l'emballage.

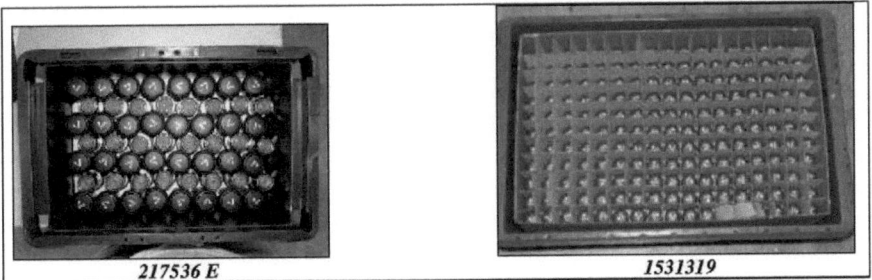

Figure 25: Emballage

Remarque

On constate que les instructions mentionnées dans les fiches de travail et le synoptique de fabrication ne sont pas respectés. En plus, les instructions de contrôle ne sont pas mentionnées, ce qui a engendré une non-standardisation du travail et un effort supplémentaire des opératrices. Par conséquent, une étude de la conception de la ligne ainsi que la mis à jour des fiches de travail est avéré très importante.

5. Etude de la performance actuelle

5.1. Etude des déplacements des opératrices

La figure 26 montre le flux physique de la référence 217536 E au cours de sa fabrication. La distance parcourue du stock de la matière première jusqu'à le stock du produit fini est de 11.3m, avec une distance de 4.2m sans porter une valeur ajoutée au produit.

Aussi, ce plan montre que le produit 1531319 fait un parcours de plus de 26.5m, avec un déplacement de 20.5m sans valeur ajoutée aux produits fabriqués dans cette ligne.

Une telle situation augmente le risque d'avoir de la matière première ainsi que le produit fini et semi-fini par terre. Par conséquent, on aura des pièces rebutées.

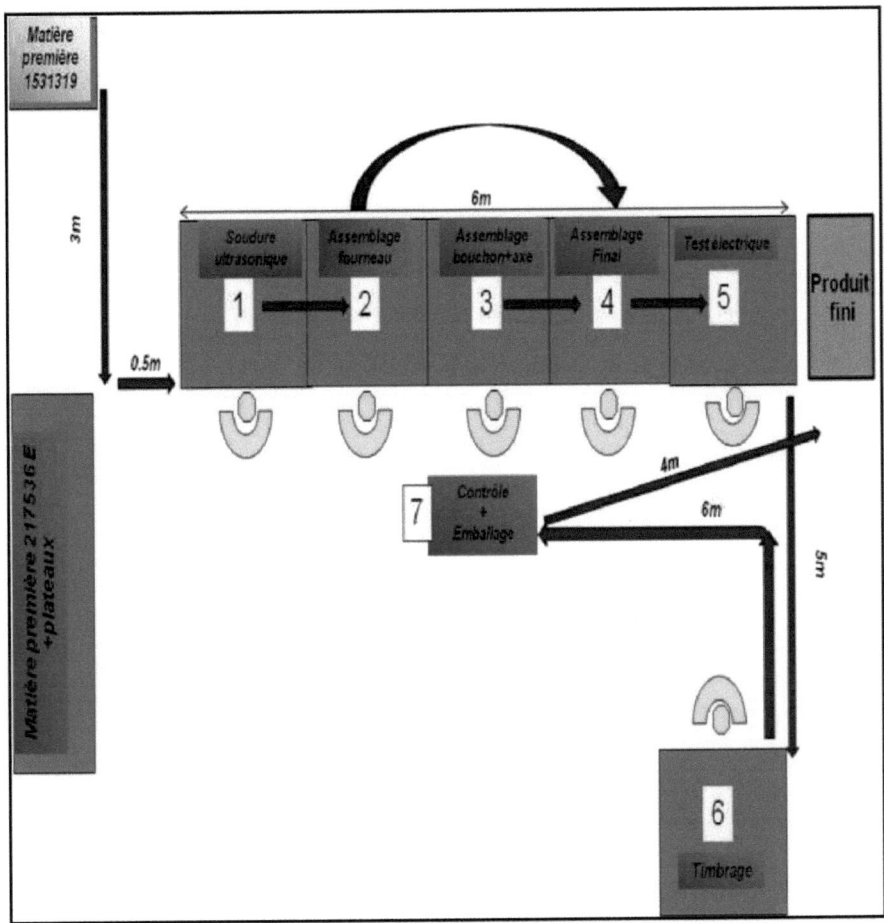

Figure 26: Flux physique des produits

L'implantation actuelle des postes montre beaucoup de problèmes au niveau du flux physique des produits et des mouvements sans valeurs ajoutés. Ce qui a engendré une perte du temps et une perte sous forme de produits rebutés (matière première, pièces semi-finis et pièce finis par terre « abimées »), d'où un charge supplémentaire pour l'entreprise.

5.2. Taux de rendement synthétique

Dans ce paragraphe, on va analyser les performances de la ligne de production pour connaître les sources des problèmes (annexe 1).

Afin de déterminer le taux de rendement synthétique, une étude a été réalisée durant quatre semaines a donné les résultats suivants (Tableau 2) :

Tableau 2: Evaluation des paramètres TRS

	T ouv	T req	T fonc	T net	T utile	T_p	T_q	Do	TRS
Semaine 1	116	111,34	110,35	86,34	83,85	0,78	0,97	0,99	0,75
Semaine 2	96	91,92	86,26	75,62	71,97	0,87	0,95	0,94	0,78
Semaine 3	88	84,26	78,27	68,65	66,89	0,87	0,97	0,93	0,79
Semaine 4	104	99,58	96,59	90,86	88,42	0,94	0,97	0,97	0,88

Unité : heur

Touv : Le temps d'ouverture = Touv d'une équipe * nbre d'équipes * nbre de jours de travail par semaine

T req : Le temps requis = Treq d'une équipe * nbre d'équipe * nbre de jours de travails par semaine

Tfonc : Le temps de fonctionnement = Treq – (arrêts planifiés + temps de changement de série + pannes)

T net : Le temps net = Qté totale produite * Temps de cycle

T utile : Le temps utile = Qté bonne produite * Temps de cycle

T_p : Le taux de performance = Tnet/ Tfonc

T_q : Le taux de qualité = Tnet / Tutile

Do : disponibilité = Tfonc/Treq

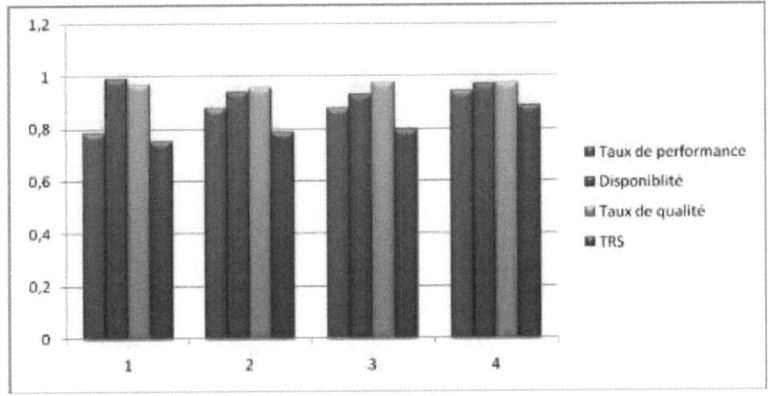

Figure 27: TRS

le graphe ci-dessus (figure 27) montre que Le taux de performance est l'indicateur le plus faible. On note que cette indicateur varie entre 78% et 94%.

Il faut signaler aussi que les opératrices font un effort supplémentaire et elles ne respectent pas les instructions exigées pour atteindre le rendement demandé. Cela exige une étude de ce taux malgré.

le taux de rebut est important (environ 30000ppm alors que l'entreprise vise à atteindre 250 ppm). D'autre part, les problèmes de qualité engendre une double perte : la matière première et le temps perdu écoulé dans la fabrication des pièces non conformes. Tous ces raisons mène à ce se concentrer sur le taux de qualité dans la suite cette étude.

Les résultats de la disponibilité ne présentent aucun signe alarmant. On ne va pas se concentrer sur cette dernière.

Le plan de cette étude sera alors comme suit :

    1- Etude de la conception de la ligne et amélioration du taux d'équilibrage.

    2- Amélioration de la performance des opératrices.

    3- Amélioration de la qualité.

Chapitre III: Etude de la conception de la ligne de production

Chapitre III :

Etude de la conception de la ligne de production

1. Introduction

Ce chapitre est consacré à l'amélioration de la productivité de la ligne de production en essayant d'équilibrer les postes, diminuer le temps de cycle et améliorer l'implantation des postes.

La capacité de production d'une ligne de production est inférieure ou égale à la capacité de production du poste goulot (le plus lent). Une importance particulière sera consacrée à l'amélioration de ce poste.

Dans une première partie, on fera une étude complète de la référence 217536 E. On analysera l'état actuel puis on essayera de porter des améliorations tout en appliquant les outils d'équilibrage. Enfin, on évaluera l'amélioration après équilibrage.

Dans une deuxième partie, on appliquera le même travail avec la deuxième référence (1531319).

Pour ce fait, une étude de chaque cas se fera indépendamment à part.

2. La référence 217536E

2.1. Etude de l'existant

Durant l'étude de cette ligne, on a rencontré 3 cas de figures qui se présentent:

1- Cas de 4 opératrices
2- Cas de 3 opératrices
3- Cas de 2 opératrices

Le choix de chaque cas se fait suivant la valeur du TAK Time.

Afin d'étudier l'équilibrage de cette ligne, on a effectué des mesures de chronométrages pour chaque référence (annexe 2).

- **Cas de 4 opératrices**

Dans ce cas, chaque opératrice occupe un poste.

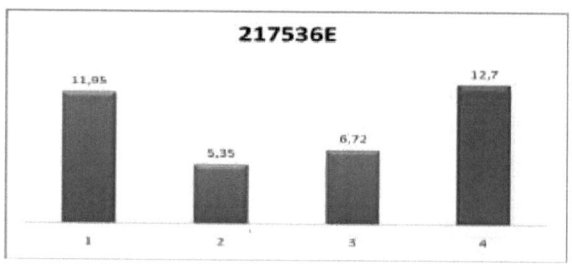

Figure 28: Temps de cycle par opératrice (en seconde) -Cas de 4 opératrices

Le diagramme ci-dessus (figure 28) montre que le poste 4 est le poste goulot de cette ligne.

Dans ce cas, on a un taux d'équilibrage de 28%.

- **Cas de 3 opératrices**

Pour le cas de 3 opératrices, on est dans l'obligation de mettre des opératrices tournantes. Le tableau (tableau 3), récapitule l'affectation des tâches entre les trois opératrices.

Tableau 3: Affectation des tâches (Cas de 3 opératrices)

217536E	poste1	poste2	poste3	poste4
opératrice 1	X			
opératrice 2		X	X	
opératrice 3		X		X

Etude de la conception de la ligne de production

Cette disposition, montre que le poste goulot est au niveau de la deuxième opératrice (figure 29). En effet, cette dernière occupe le poste 3 (assemblage Bouchon+Axe) et le poste 2 (en collaboration avec l'opératrice 3).

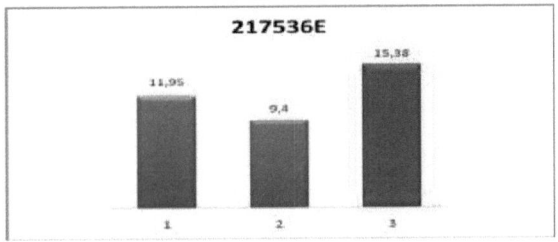

Figure 29: Temps de cycle par opératrice (en seconde) - Cas de 3 opératrices

Par la suite, le taux d'équilibrage a la valeur de 20%.

- **Cas de 2 opératrices**

Pour ce cas, la première opératrice va occuper le poste 1, la deuxième va occuper les postes 3 et 4, alors que le poste 2 sera divisé entre les deux (tableau 4).

Tableau 4: Affectation des tâches (Cas de 2 opératrices)

217536E	Poste 1	Poste 2	Poste 3	Poste 4
opératrice 1	X	X		
opératrice 2		X	X	X

Cette affectation, donnera le temps de cycle par opératrice comme indiqué dans le graphe ci-dessous (figure 30). Par la suite, le taux d'équilibrage devient 17%.

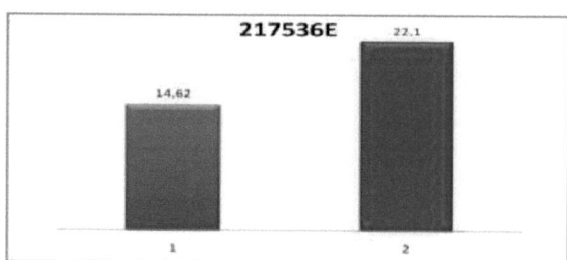

Figure 30: Temps de cycle par opératrice (en seconde) - Cas de 2 opératrices

Le tableau ci-dessous (tableau 5) montre le temps de cycle par opératrice ainsi que le taux d'équilibrage pour les cas de quatre, trois et deux opératrices.

Tableau 5: Temps de cycle par opératrice et le taux d'équilibrage pour les trois cas étudiés - 217536E

	Nbre Opératrices	opératrice 1	opératrice 2	opératrice 3	opératrice 4	Tc : Temps de cycle	$\bar{\iota}$
1^{ier} cas	4	11,95	5,35	6,72	12,7	12,7	28%
2ième cas	3	11,95	15,38	9,4		15,47	20%
3ième cas	2	14,62	22,1			22,1	17%

2.1.1. Améliorations proposée

Le poste goulot est celui de l'assemblage final, une étude détaillée de ce poste montre que les opérations relatives sont (figure 31) :

- Contrôle des produits semi-finis venant du poste 2 et poste 3
- Assemblage sur presse
- Contrôle final
- Emballage

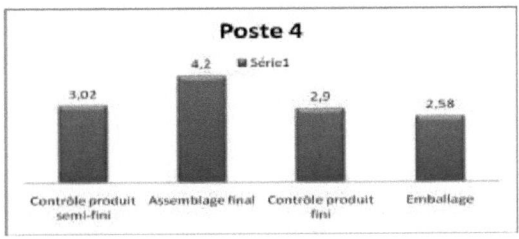

Figure 31: Temps correspondant aux opérations du poste goulot (en seconde)

Afin d'améliorer la productivité de cette ligne, on essayera de minimiser le temps de cycle de la ligne.

Lors de l'étude de cette ligne, on a remarqué qu'il y a des opérations redondantes entre les postes 2 et 4. La solution proposée pour éliminer cette redondance consiste à regrouper les opérations de ces deux postes en un seul. L'emballage sera effectué au 3ième poste de telle sorte que ce dernier (assemblage Bouchon + Axe) soit en dernière position pour minimiser les déplacements inutiles (figure 32).

- **Assemblage des opérations**

On va faire l'équilibrage de cette ligne et l'assemblage des opérations en utilisant la méthode du plus grand candidat.

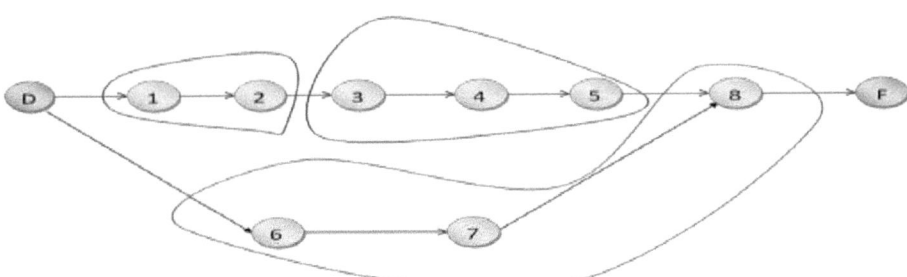

Figure 32: Diagramme d'antériorité

Etude de la conception de la ligne de production

En respectant les contraintes d'antériorité (figure 32) et les contraintes techniques, l'assemblage des opérations sera comme suit (tableau 6).

Tableau 6: Equilibrage de la ligne 217536E

Poste	Opération	Description de l'opération	Temps par opération (s)	Temps total (s)	Prédécesseurs
1	Opération 1	Contrôle Matière première	3,9	11,95	0
	Opération 2	Soudure ultrasonique	8,05		1
2	Opération 3	Contrôle avant assemblage	3,75	11,62	1, 2
	Opération 4	Assemblage final	4,93		1, 2, 3
	Opération 5	Contrôle après assemblage	2,94		1, 2, 3, 4
3	Opération 6	Contrôle	2,82	9,3	0
	Opération 7	Assemblage Bouchon + Axe	3,9		6
	Opération 8	Emballage	2,58		1, 2, 3, 4, 5, 6, 7

Remarque : La mesure du temps du nouveau poste d'assemblage a été trouvé par chronométrage.

Etude de la conception de la ligne de production

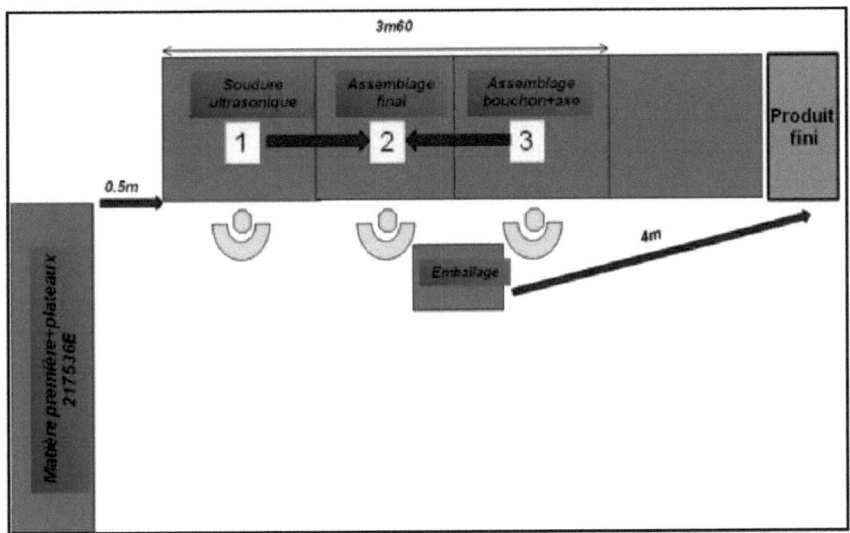

Figure 33: Nouvelle implantation

Cette nouvelle implantation (figure 33) a amélioré le flux physique. En effet, le produit parcourra une distance de 8.1m au lieu de 11.3m. En plus, cette conception fait gagner en terme de nombre des opératrices.

- **Cas de 3 opératrices**

Chaque opératrice occupe un poste (tableau 7).

Tableau 7 : Affectation des tâches (Cas de trois opératrices)

217536E	Poste 1	Poste 2	Poste 3	Emballage
opératrice1	X			
opératrice2		X		
opératrice3			X	X

Les nouveaux temps de cycle par opératrice sont respectivement 11.95s, 11.62s et 9.36s (figure 34), ce qui donne un taux d'équilibrage de 8%.

Etude de la conception de la ligne de production

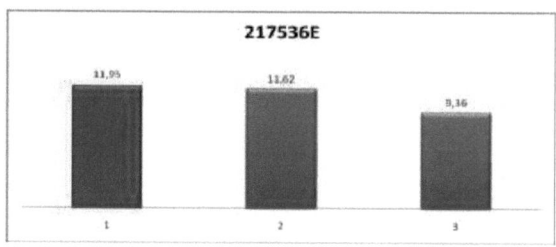

Figure 34 : Nouveaux temps de cycle par opératrice (en seconde) - Cas de 3 opératrices

- **Cas de 2 opératrices**

Dans le cas des deux opératrices, la première occupe le premier poste, alors que la deuxième occupe le 2ième et le 3ième poste. L'emballage est partagé entre les deux opératrices (tableau 8).

Tableau 8: Affectation des postes (Cas de 2 opératrices)

217536E	Poste 1	Poste 2	Poste 3	Emballage
opératrice1	X			X
opératrice2		X	X	X

Les temps des postes obtenus après l'amélioration est de 14.53s pour la première opératrice et de 18.34s pour la deuxième (figure 35) avec un nouvel taux d'équilibrage égal à 10%.

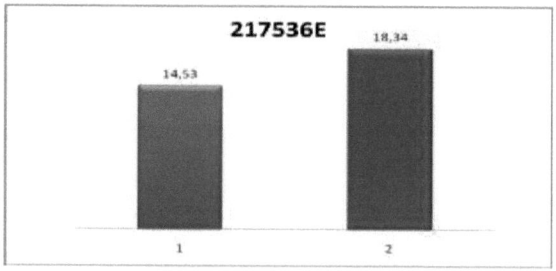

Figure 35: Nouveaux temps de cycle par opératrice (en seconde) - Cas de 2 opératrices

Les nouveaux temps des postes ainsi que les nouveaux taux d'équilibrage sont mentionnés dans le tableau suivant (tableau 9).

Tableau 9 : Nouveaux temps de cycle et taux d'équilibrage – 217536 E

217536E	Opératrice 1	Opératrice 2	Opératrice 3	Tc	$\bar{\iota}$: Taux
3 opératrices	11,95	11,62	9,3	11,95	8%
2 opératrices	14,53	18,34		14,53	10%

2.1.2. Comparaison

Ces modifications ont porté une amélioration importante au niveau du taux d'équilibrage (figure 36).

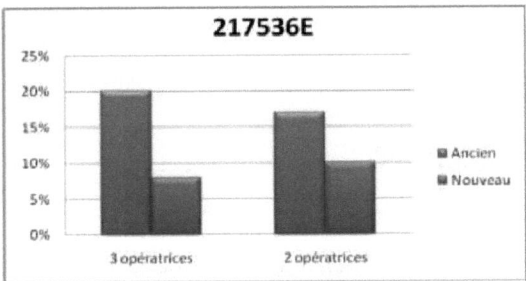

Figure 36: Amélioration des taux d'équilibrage – 217536 E

La solution proposé a permis de donner une amélioration importante au niveau des taux d'équilibrage.

En effet, cette amélioration est de 60% pour le cas de trois opératrices et de 41% pour le cas de deux opératrices.

3. La référence 1531319

3.1. Etude de l'existant

Le chronométrage des opérations de cette référence est mentionné dans l'annexe 3.

De même que la première référence, on a rencontré trois cas à étudier :

- Cas de 4 opératrices
- Cas de 3 opératrices
- Cas de 2 opératrices

- **Cas de 4 opératrices**

Pour les sept postes, on a seulement quatre opératrices chargés du déroulement de cette ligne (tableau 10).

Tableau 10: Affectation des tâches (Cas de 4 opératrices)

1531319	Poste1	Poste2	Poste3	Poste4	Poste5	Poste6	Poste7
Opératrice 1	X					X	
Opératrice 2		X					X
Opératrice 3			X		X		
Opératrice 4				X			

Le poste goulot est celui occupé par la troisième opératrice chargée de l'assemblage Bouchon+Axe et le test électrique avec un temps de cycle Tc=19.95s (figure 37).

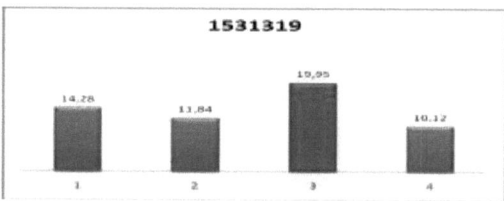

Figure 37: Temps de cycle par opératrice (en seconde) - Cas de 4 opératrices

- **Cas de 3 opératrices**

Pour ce cas, l'affectation des opérations est comme suit (tableau 11).

Tableau 11: Affectation des tâches (Cas de 3 opératrices)

1531319	Poste 1	Poste 2	Poste 3	Poste 4	Poste 5	Poste 6	Poste 7
Opératrice 1	X					X	
Opératrice 2		X		X			
Opératrice 3			X		X		X

Le poste goulot est celui occupé par la troisième opératrice chargée de l'assemblage (Bouchon+Axe), test électrique et contrôle final avec emballage (figure 38).

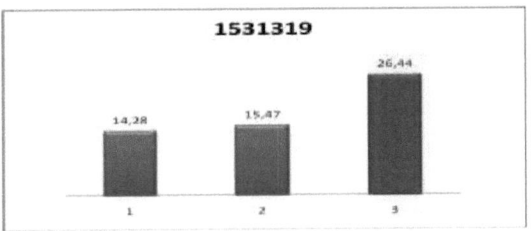

Figure 38: Temps de cycle par opératrice (en seconde) - Cas de 3 opératrices

- **Cas de 2 opératrices**

Dans ce cas, toutes les opérations seront divisée entre deux opératrices (tableau 12).

Tableau 12: Affectation des tâches (Cas de 2 opératrices)

1531319	Poste 1	Poste 2	Poste 3	Poste 4	Poste 5	Poste 6	Poste 7
Opératrice 1	X				X		X
Opératrice 2		X	X	X		X	

Le poste goulot devient celui occupé par la première opératrice avec un temps de cycle égale à 31.67s. Dans ce poste, on effectue les opérations d'assemblage fourneau, assemblage Bouchon+Axe, assemblage final et timbrage (figure 39).

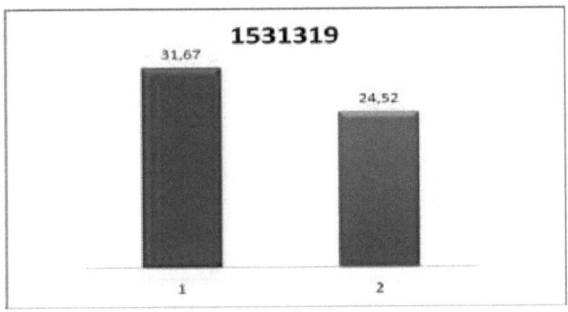

Figure 39: Temps de cycle par opératrice (cas de 2 opératrices)

Le tableau ci-dessous (tableau 13) récapitule les temps de cycle et les taux d'équilibrage pour les trois cas étudiés.

Tableau 13 : Temps de cycle par opératrice et taux d'équilibrage pour les trois cas étudiés - 1531319

Automotive Components Tunisia	Opératrice	opératrice 1	opératrice 2	opératrice 3	opératrice 4	$\bar{\iota}$
1^{ier} cas	4	14,28	11,84	19,95	10,12	30%
2ième cas	3	14,28	15,47	26,44		29%
3ième cas	2	31,67	24,52			11%

3.2. Améliorations proposée

Le graphe ci-dessus (figure 40) montre que le testeur électrique est la source de retard pour cette ligne. En effet, le temps pris pour ce poste est de 13.23s.

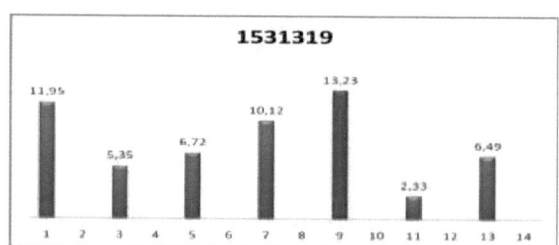

Figure 40: Temps de chaque poste (en seconde) – 1531319

- **Amélioration au poste du test électrique**

On va s'intéresser à l'amélioration du poste qui assure le test électrique. En effet, ce poste prend le temps le plus long.

Le test électrique consiste à insérer l'allume cigare dans un Canotto (figure 41) puis mettre l'ensemble dans le support du testeur. Le résultat du test est assuré par un voyant lumineux (Vert= OK, Rouge = NOK).

Le testeur électrique a la capacité de tester dix pièces simultanément. Cela exige l'utilisation de dix Canottos.

Etude de la conception de la ligne de production

Afin d'assurer un test pertinent, on doit avoir au début de chaque test dix Canottos froids.

Vu qu'à la fin de chaque test les canottos s'échauffent, on est dans l'obligation de changer les Canottos entre deux test successifs.

Par conséquent, le mode opératoire exige 50 Canottos disponibles (renouvelables chaque six mois) qui seront utilisés dix par dix d'une manière circulaire. Cela assure l'utilisation de dix Canottos chaque cinq test, un temps suffisant qui permet ou Canottos de se refroidir (annexe 4).

La procédure actuelle adoptée utilise seulement dix Canottos qui n'ont pas été renouvelés depuis plus qu'un an. Si on va utiliser c'est dix derniers pour deux tests successifs, on aura pas des tests efficaces car les canottos sont déjà chaude pour le test suivant.

un refroidissement avec le compresseur est avéré nécessaire.

Le non-respect du mode opératoires (fourniture de 50 Canottos renouvelables chaque six mois) a engendré :

- Une opération inutiles qui gaspille beaucoup de temps entre deux tests successifs.
- Une perte d'énergie
- Un risque la consistance du test

L'action adoptée alors est de fournir 50 Canottos renouvelables chaque 6 mois. Une action qui fait gagner plus que 5s dans ce poste.

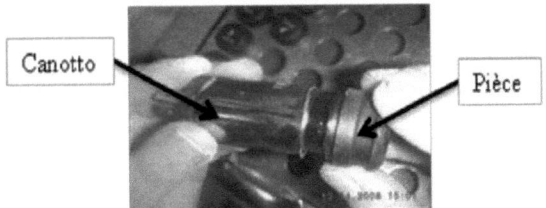

Figure 41: Allumeur + Canotto

- **Assemblage des opérations**

De même que la première référence, on va utiliser la méthode du plus grand candidat pour faire l'équilibrage de cette ligne avec les mêmes conditions et les mêmes contraintes (tableau 14).

Tableau 14: Equilibrage des postes (1531319)

Poste	Opération	Description de l'opération	Temps par opération (s)	Temps total (s)	Prédécesseurs
1	Opération 1	Contrôle Matière première	3,9	11,95	0
	Opération 2	Soudure ultrasonique	8,05		1
2	Opération 3	Contrôle avant assemblage	3,75	11,62	1, 2
	Opération 4	Assemblage final	4,93		1, 2, 3
	Opération 5	Contrôle après assemblage	2,94		1, 2, 3, 4
3	Opération 6	Contrôle	2,82	6,72	0
	Opération 7	Assemblage Bouchon+ Axe	3,9		6
4	Opération 8	Test électrique	8,1	8,1	1, 2, 3, 4, 5, 6, 7
5	Opération 9	Timbrage	2,33	8,82	1, 2, 3, 4, 5, 6, 7, 8
	Opération 10	Contrôle final	3,91		1, 2, 3, 4, 5, 6, 7, 8, 9
	Opération 11	Emballage	2,58		1, 2, 3, 4, 5, 6, 7, 8, 9, 10

Le diagramme d'antériorité est présenté sur la figure 42.

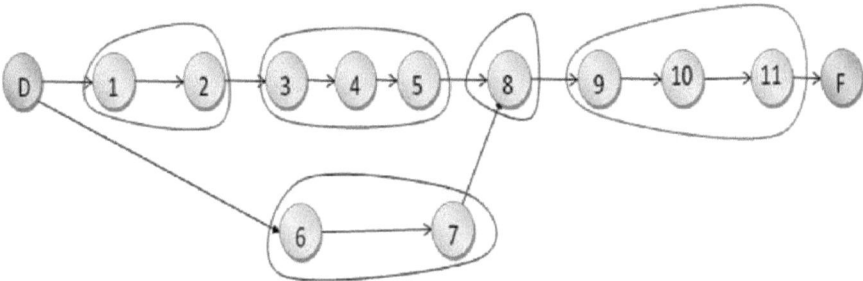

Figure 42: Diagramme d'antériorité - 1531319

Remarque: les nouveaux temps du poste de test électrique sont effectués par chronométrage.

Au niveau de conception de la ligne, en plus des améliorations déjà portées pour la référence 217536 E, on va approcher le stock de la matière première et faire un nouvel poste d'emballage prés du poste de timbrage (figure 43).

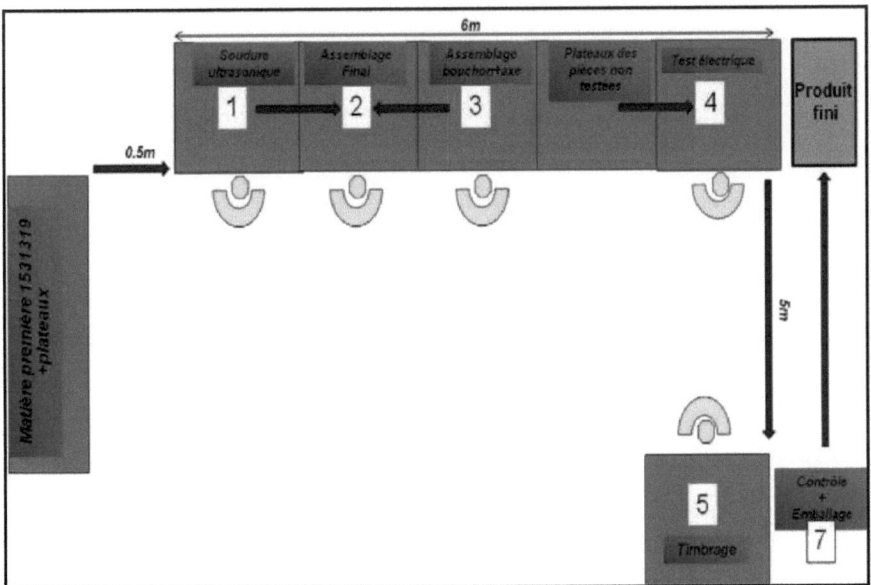

Figure 43: Nouvelle conception - 1531319

Cette nouvelle conception fait gagner de l'espace (puisqu'on a éliminé un poste) et de la distance parcourue par le produit au cours de sa fabrication (16.5m au lieu de 26.5m). En plus, cette nouvelle implantation évite les encombrements (on réserve l'espace gagné pour mettre les plateaux des pièces non testées).

Aussi on remarque une amélioration au niveau des temps de chaque poste (figure 44).

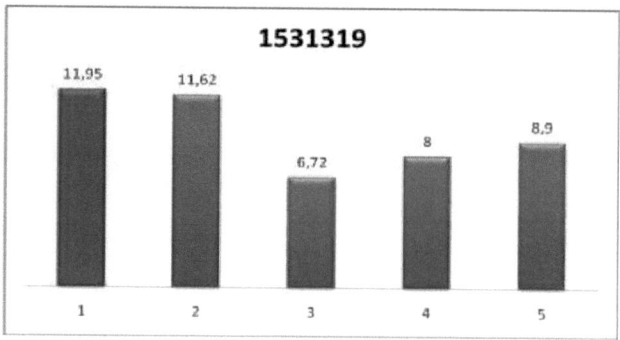

Figure 44: Temps de chaque poste après amélioration (en seconde)

- **Cas de 4 opératrices**

la nouvelle affectation des postes est comme suit (tableau 15) :

Tableau 15: Affectation des postes (Cas de 4 opératrices)

1531319	Poste 1	Poste 2	Poste 3	Poste 4	Poste 5	Emballage
Opératrice 1	X					X
Opératrice 2		X				X
Opératrice 3			X		X	
Opératrice 4				X		X

Dans ce cas le temps de cycle sera égale à 14.12 (figure 45), ce qui donnera un taux d'équilibrage de valeur 16%.

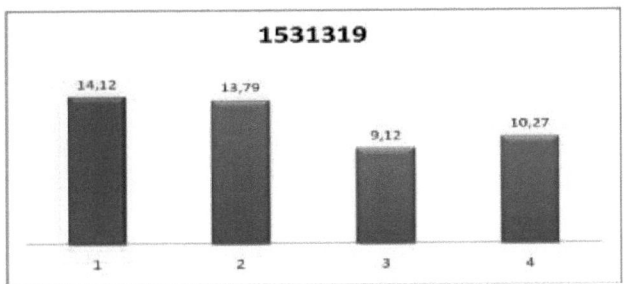

Figure 45: Nouveau temps de cycle par opératrice (en seconde) - Cas de 4 opératrices

- **Cas de 3 opératrices :** la nouvelle affectation des postes est comme suit (tableau 16) :

Tableau 16 : Affectation des postes (Cas de 3 opératrices)

1531319	Poste 1	Poste 2	Poste 3	Poste 4	Poste 5	Emballage
opératrice1	X				X	
opératrice2		X				X
opératrice3			X	X		X

Cette solution donne un temps de cycle égale à 17.97s (figure 46), ce qui a donné un taux d'équilibrage de valeur 12%.

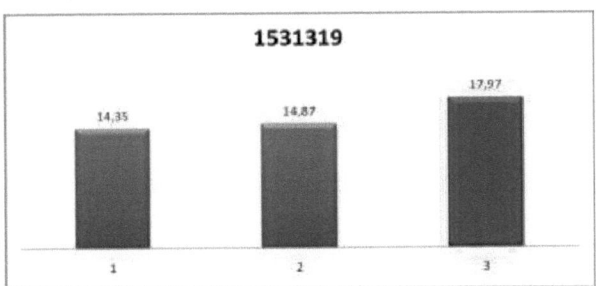

Figure 46 : Nouveaux temps de cycle par opératrice (en seconde) - Cas de 3 opératrices

- **Cas de 2 opératrices**

Toutes les tâches seront distribuées sur deux opératrices seulement (tableau17).

Tableau 17: Affectation des tâches (Cas de 2 opératrices)

1531319	Poste 1	Poste 2	Poste 3	Poste 4	Poste 5	Emballage
opératrice1	X			X		X
opératrice2		X	X		X	X

Dans ce cas, le temps de cycle prend la valeur de 23.2s (figure 47) avec un taux d'équilibrage de 1.6%.

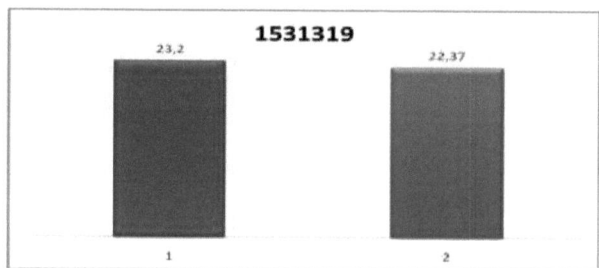

Figure 47: Nouveaux temps de cycle par opératrice (en seconde) - Cas de 2 opératrices

Le tableau ci-dessous (tableau 18) donne les nouveaux temps d'opératrice par poste et les taux d'équilibrage.

Tableau 18: Nouveaux temps de cycle par et taux d'équilibrage - 1531319

1531319	Opératrice 1	Opératrice 2	Opératrice 3	Opératrice 4	Tc	taux
4 opératrices	14,12	13,79	9,12	10,27	14,12	16%
3 opératrices	14,35	14,87	17,97		14,87	12%
2 opératrices	23,2	23,99			23,99	1,60%

3.3. Comparaison

L'amélioration des taux d'équilibrage est de 47% le pour le cas de quatre opératrices, 59% pour le cas de trois opératrices et 86% pour le cas de deux opératrices (figure 48).

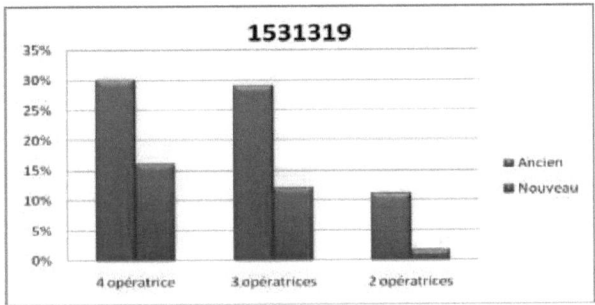

Figure 48: Amélioration des taux d'équilibrages - 1531319

Remarque : Les fiches de travails et les synoptiques de fabrication de cette nouvelle implantation sont indiqués dans l'annexe 5 et 6.

CHAPITRE IV: Amélioration de la performance

Chapitre IV :
Amélioration de la performance

1. Introduction

Ce chapitre sera consacré à la détermination des causes de la faiblesse de la productivité, ensuite on se concentrera sur l'amélioration de la performance des opératrices par l'élimination des opérations inutiles qui n'ont pas de valeur ajoutée et les modifications portées sur l'aménagement et la conception du matériel et des équipements.

Finalement, on évaluera les améliorations ajoutées.

2. Amélioration de la performance

Lors de l'étude de cette ligne, On a noté plusieurs mouvements inutiles des opératrices et du produit. On a remarqué aussi que le travail n'est pas standardisé et que les fiches du mode opératoire ne sont pas respectées. Tous ces observations représentent les principales sources de la perte du temps et de la dégradation de la performance et de la rentabilité des opératrices. Afin de réduire ce temps perdu et améliorer la performance, on s'est focalisé sur la résolution des problèmes provenant des machines, du matériels et du processus du travail. Le principe est de se débarrasser de tout ce qui est inutile.

2.1. Elimination des mouvements sans valeur ajoutée

Les causes de ces mouvements sont essentiellement (tableau 19):

Tableau 19: Analyse des problèmes de perte de la performance

N°	Problèmes	Causes	Solutions proposées
1	Les mouvements de chargements	Box de capacité petite	Changer des box de capacité plus grande
2	Etagère loin de ligne	Etagère non ordonné et non respect de position de chaque article	Réorganiser l'étagère et éliminer tout ce qui est inutile
3	Etagère non ordonné		
4	Déplacement vers le magasin	M.P non disponible dans l'étagère	Contrôler l'étagère au début de chaque poste et après la pause
5	La matière tombée	Mauvaise conception des box – Méthode de chargement	Rectification de la conception des box – Disponibilité d'un récipient de chargement
6	Les déplacements des plateaux	Mauvaise implantation des postes	Changer la conception de la ligne et fixer les plateaux
7	L'emplacement des gants	Il n y a pas une position fixe des gants	Avoir une place des gants dans chaque poste
8	Les déplacements: Timbrage →Emballage		Emballage près de poste de timbrage
9	Rebuts par terre - Rebuts sur table	Position des bacs rouges	changer la position des bacs rouges

Amélioration de la performance

On va citer à titre d'exemples les problèmes étudiées:

- **Etat de l'étagère :**

(a)   (b)

Figure 49 : Etat de l'étagère : (a) étagère dis-ordonné – (b) étagère ordonné

Les étagères de la matière première sont dis-ordonnés (figure 49.a). L'aménagement de ces derniers est indispensable (figure 49.b).

- **Position des box rouges (box de rebuts)**

Les box rouges sont situés un peu plus loin de la portée des opératrices (elle se trouve derrière les box de la matières première – figure 50.b). On aura alors un rebut qui n'est à sa place et qui est par terre. Ces box sont consacrés pour le stockage du rebut. Ils ne doivent pas en un aucun cas servir à d'autres utilisations car cela engendre de même une dispersion du rebut par terre. Alors qu'on a noté que ces box ne sont pas fixes (figure 50.a) et qu'ils sont utilisés dans le chargement de la matière première.

 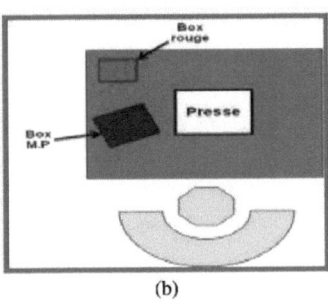

(a)   (b)

Figure 50: box rouge : (a) box non fixé – (b) position du box

La fixation des box dans un endroit plus proche de l'opératrice a résolu le problème (figure 51).

Figure 51: Nouvelle position du box rouge

Le chargement est fait soit directement du carton (par la suite de la matière par terre) soit à l'aide des box rouges (celle de rebut), d'où la nécessité d'avoir un outil de chargement (figure 52).

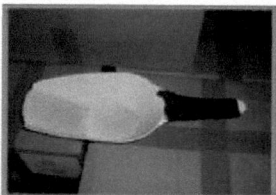

Figure 52: Outil de chargement

- **Changement de la position du poste d'emballage pour la référence 1531319**

On propose de faire le contrôle et l'emballage du produit fini près du poste de timbrage (figure 53). Une telle solution minimise les déplacement inutiles.

Ce problème a été déjà étudié dans le chapitre « Conception de la ligne de production ».

Figure 53: Nouvelle position du poste d'emballage - 1531319

Amélioration de la performance

- **Fixation des plateaux**

L'aménagement actuel de la ligne (Figure 10) -déjà étudié dans le chapitre « Conception de la ligne de production »-, a montré la présence du problème du déplacement des plateaux entre le poste 2 et le poste d'assemblage final en plus l'encombrement de ces derniers (figure 54). Ce problème provoque aussi un encombrement, des déplacements inutiles et des conflits entre ces dernières. La nouvelle conception évite tous ces problèmes.

Figure 54: Encombrement causé par les plateaux

- **Etude de la capacité des box de la matière première**

Les box de la matière première utilisés ont une capacité limité et ils ne sont pas équilibrés ce qui oblige les opératrices à faire un grand nombre de chargement qui arrive à 7 fois par un poste de 8h (tableau 20).

Tableau 20: Capacité des box actuels

N° de poste	Matière première	1531319	217536E	Temps de chargement	Nbre de chargement chaque 8h	Temps de chargement par 8h (min)
1	Allumeur (Box A)	600	600	1min 58s	4	24,95
	Bague (Box A)	450	471	1min 55s	7	
	Anneau (Box B)	900	1585	1min 50s	2	
2	Ash-guard (Box A)	475	400	1min 53s	7	13,18
3	Axe (Box A)	5000	5000	53s	1	4,52
	Bouchon (Box A)	1566	1204	1min 49s	2	

Ces dernières ont trouvé la solution de mettre la matière première dans d'autres box de capacité plus grande (figure 55) ce qui rend le lieu du travail plus encombrée et dis-ordonnée.

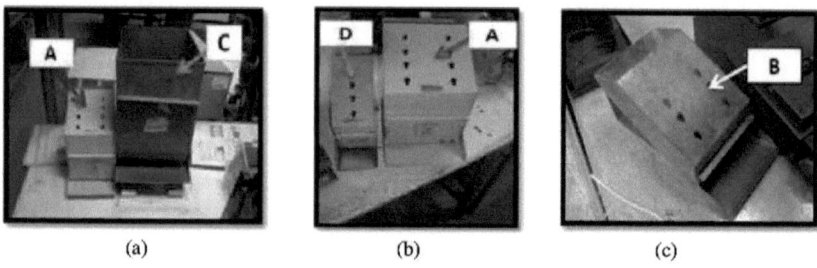

(a)   (b)   (c)

Figure 55: Comparaison entre les box: (a) Box A et C – (b) Box A et D – (c) Box B

Pour ceci, on a proposé de changer les box de tel sorte à minimiser le nombre de chargement (et par la suite les mouvements inutiles),et rendre la capacité entre les box plus équilibrée (tableau 21).

Tableau 21: Capacité des nouveaux box

N° de poste	Matière première	1531319	217536E	Temps par chargement	Nbre de chargement chaque 8h	Temps de chargement par 8h (min)
1	Allumeur (Box C)	1800	1800	1min49s	2	11,03
	Bague (Box C)	1400	1500	1min52s	2	
	Anneau (Box B)	900	1585	1min 50s	2	
2	Ash-guard (Box C)	1500	1250	1min 53s	2	3,77
3	Axe (Box D)	2200	2200	53s	1	4,52
	Bouchon (Box A)	1566	1204	1min 49s	2	

La capacité du box C est trois fois plus grande que celle du box A. Pour le chargement de l'axe, on a changé le box A par le box D, ce qui va faire gagner de l'espace sur la table.

- **Conception des box**

Initialement les box présentent des problèmes au niveau du chargement, en effet l'ouverture du box est très petite (figure 6.a) ce qui laisse une quantité énorme de matière par terre. Un problème résolu avec l'utilisation des nouveaux box (figure 56.b).

(a)   (b)

Figure 56: Conception de l'ouverture des box : (a) Ouverture très petite – (b) : Ouverture grande

Cette solution permet de faire seulement deux chargement : au début de poste et après la pause.

Alors les opératrices ne se trouvent plus obligées d'arrêter chaque fois leurs travailles pour faire le chargement en plus le lieu du travail sera plus ordonné.

Le graphe ci-dessous (figure 57) donne les temps avant et après améliorations pour chaque poste.

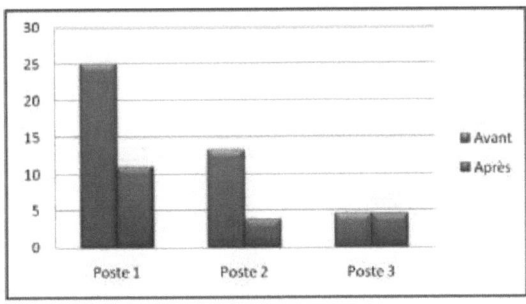

Figure 57: Temps de chargement avant et après amélioration pour chaque poste (en minute)

Dans le graphe d'après (figure 58), on va présenter le temps total gagné par chaque poste de huit heures lors de l'utilisation des nouvelles conditions de chargement.

Figure 58: Temps total de chargement avant et après amélioration (en minute)

Il est clair que l'amélioration faite au niveau des box de chargement a fait gagner plus que 23 minutes.

2.2. Problèmes dû aux équipements

Dans cette partie, on va présenter les améliorations qu'on peut faire au niveau des équipements pour augmenter la performance des opératrices (tableau 22).

Tableau 22: Améliorations au niveau matériels

N°	Problèmes	Causes	Solutions proposées
1	**Support Machine ultrasonique** : le support actuel a une forme cylindrique, lors de la mise de la bague sur ce dernier un blocage s'effectue. Le démontage de la pièce soudée demande que l'opératrice effectuera une force supplémentaire. Cette action de démontage cause la fatigue de l'opératrice. Le support conique est une solution efficace pour ce	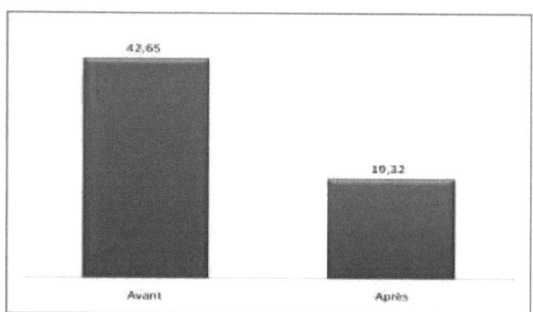 **Support cylindrique**	**Support conique**

	problème (annexe 8).		
2	**Presse mobile :** la presse d'assemblage final n'est pas fixée sur la table. Lors de l'opération d'assemblage la presse subie un déplacement, ceci influe sur la performance de l'opératrice (lui cause une fatigue).		**Fixation de la presse sur table**
3	**Position des pieds :** ce problème est présent pour les 4 postes, une réparation des tables s'avère indispensable surtout que l'opératrice est demandée de travailler 7.66h à la file par jour (une action simple mais efficace)		**Réparation des pose-pieds**
4	**Qualité des gants :** la qualité des gants influe sur la peau des opératrices et sur la qualité du produit surtout qu'elle transmet la saleté à ces derniers, l'utilisation des gants en coton sera mieux pour les deux (opératrice et qualité du produit)	**Gants en Latex (0.07€/pair)**	**Gants en coton (0.082€/pair)**
5	**Encombrement de matériels :** « Une place à chaque chose et chaque chose a sa place », il faut éliminer tout ce qui inutile sur la table et lui préparé un arrangement		Chaque chose à sa place et chaque place doit avoir une chose

6	**Plateaux avec supports de tailles courtes :** après le test, le produit est encore chaud, le fait d'empiler les deux plateaux met en contact la partie métallique des uns encore chaude avec le bouchon plastique de la couche inferieure ce qui peut le détruire	 **Longueurs variables**	 **Standardiser la longueur des supports**
7	**Conception des chaises :** *l'opératrice* se trouve plus à l'aise en travaillant sur une chaise avec un support où elle peut mettre ses pieds	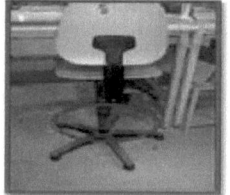 Chaise mal-conçu	 Conception favorable (plus confortable pour les opératrices
8	**Pertes du temps au niveau de testeur :** l'instruction de travail demande la présence de 50 canotto dans le box réservé ce qui n'est pas le cas, ceci oblige les opératrices à utiliser l'air comprimé pour faire le refroidissement des canottos disponibles. C'est une opération qui prends beaucoup de temps	 **Canottos non disponibles**	Il faut avoir 50 Canottos qui seront renouvelés chaque 6mois
9	**Nettoyage de produit avec le tablier :** la présence de saleté sur la bague du produit pousse les opératrice à les faire nettoyer avec leur tablier, une opération qui n'est pas standard	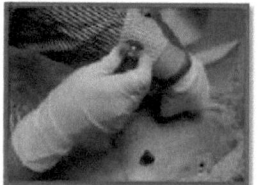 **Non-standard**	 **Chiffon de nettoyage**

Amélioration de la performance

10	**Luminosité non-suffisante pour le poste 1 :** la première opératrice est demandé de contrôler la qualité de la bague et celle de l'unité, ce contrôle ne sera pas garantie en absence de luminosité	Absence d'une lampe	Faire une lampe au dessus de la machine
11	**Fatigue de l'opératrice sur le poste timbrage :** ce poste présente beaucoup de problème pour l'opératrice, en effet, la position des pieds et l'absence d'une table pour mettre les plateaux (l'opératrice se trouve obligé à mettre les pièces à tester dans un box ce qui altère la qualité de produit)	Utilisation d'un box pour poser les pieds / Absence d'une table	Faire un pose-pieds / Mettre une table
12	**Emballage de la référence 1531319 :** afin de faire le contrôle et l'emballage un déplacement de 7m sera fait chaque 200pièces, alors il est recommandé de faire ces opérations près de poste de timbrage	Position de la lampe	Faire une lampe pour le contrôle et l'emballage près de poste de timbrage
13	**Machine ultrasonique non disponible :** la réparation de cette machine nous fait gagner beaucoup en productivité surtout qu'on peut avoir deux lignes qui travaillent en parallèle (chaque ligne pour une référence)	Machine en panne	Réparation de la machine

Amélioration de la performance

14	**Utilisation des presses double têtes :** c'est une solution qui diminue le temps de poste (perspective)		
15	**Fatigue de l'opératrice au niveau du premier poste :** l'appui sur les deux boutons poussoir est une action fatigante pour l'opératrice surtout au niveau des épaules, l'utilisation d'une commande infrarouge rend l'opératrice plus à l'aise lors de son travail et fait gagner plus de 2sec dans le temps de cycle (figure 59)	**Les deux boutons poussoirs**	**Descente par commande infrarouge (*)**

(*) : Utilisation d'une barrière immatériel de sécurité –Sick- de référence **C4000 Pack ECO n°1 (1040333)** (annexe 18). [14]

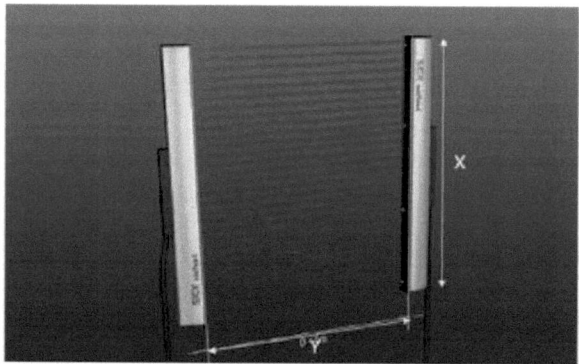

Figure 59 : Barrière immatérielle

- X=240 mm
- Y= 800mm
- Référence
- Constructeur= Sick

Amélioration de la performance

On remarque que ces actions présentent des tâches simples et non coûteuses mais qui augmentent la performance des opératrices et ce en assurant un environnement de travail favorable. En effet, c'est le principe du fondement KAIZEN qui repose sur des petites améliorations faites jour après jour et qui se base sur l'amélioration des performances en puisant dans les ressources intellectuelles des personnes, à tous les niveaux donc à budget réduit et non en investissant lourdement dans des équipements coûteux. Et plutôt que de progresser par « sauts technologiques», il s'agit d'accumuler en continu des petites améliorations.

En plus de l'amélioration des performances, ces tâches font diminuer le temps de cycle (La commande infrarouge pour le poste 1 et l'utilisation des presses doubles têtes) et garantit une meilleur qualité des produits fabriqués.

Ces améliorations peuvent nous résoudre les problèmes des micro-cadences.

2.3. Problèmes dû aux processus

Le problème majeur dans ce cas est la non standardisation du travail. En effet, on remarque qu'il n'y a pas une conformité entre les fiches de travails et le processus existant réellement. Aussi au cours de l'étude de cette ligne, on a remarqué la répétition de beaucoup des tâches entre les postes.

En outre la fusion des opérations et la minimisation des postes est possible (déjà étudié dans la partie équilibrage).

On note aussi :

- Opératrices 4 : attente (1h) → La nouvelle implantation déjà étudiée dans la partie conception de la ligne éliminer cette perte.

3. Estimation des nouvelles performances

On va estimer les nouvelles performances pour le cas de trois opératrices.

Amélioration de la performance

Les gains du temps chiffrable sont 23.33 min (après changement des box de chargement de la matière première) (en total on a 1400.4sec gagnées). Mais il faut signaler que c'est le gain minimal puisqu'il y a d'autres gains non chiffrables.

Cette estimation prends en compte les améliorations faites au niveau de la conception de la ligne. Un gain de 24 min nous fait gagner 118 pièces/poste pour la référence 217536 E et 95 pièces/poste pour la référence 1531319.

D'où la nouvelle production sera 2118 pièces/poste de 8h pour la première référence et 1595 pièces/poste de 8h pour la deuxième référence.

Tableau 23: Amélioration des taux de performance

Automotive Components Tunisia		Semaine 1	Semaine 2	Semaine 3	Semaine 4
Taux de performance	Ancien	0,78	0,87	0,87	0,94
	Nouveau	0,91	0,97	0,98	0,94
Taux d'amélioration		14%	10%	11%	1%

Ces nouveaux indicateurs (tableau 23) sont calculés à partir des nouveaux temps de cycle : 11.95s pour la référence 217536 E et 14.87s pour la référence 1531319.

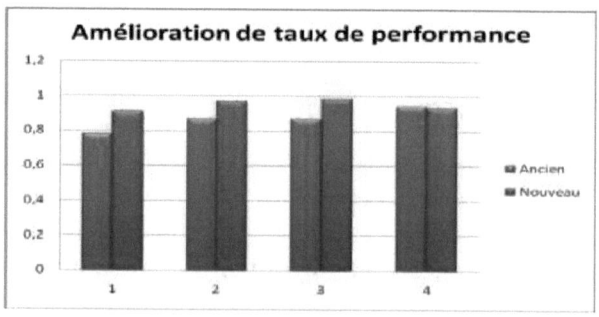

Figure 60: Amélioration des taux de performances

Le graphe ci-dessous (figure 60) montre une faible amélioration des taux de performance surtout pour la quatrième semaine et on peut expliquer ça en deux points :

1- Dans la première situation (avant amélioration) les opératrices font un effort supplémentaire pour arriver à faire le rendement demandé en plus elle travaillent hors standard (utilisation des stocks intermédiaires, pas de respect des instructions de travail, un stock supplémentaire de la matière première sur table, travailler avec un rythme très rapide,...), ce qui peut dégrader la qualité de produits (beaucoup de mouvements inutiles, produits tombés,...). Alors que dans la deuxième situation (après améliorations) elles travaillent avec beaucoup moins de fatigue et le minimum de mouvements inutiles et surtout en respectant le standard.

2- Il y a des améliorations qu'on n'a pas pu les chiffrer (par exemple l'attente de l'opératrice 4 : 1h/poste de 8h).

4. Indicateur DMH

Les améliorations qui sont appliqués à notre ligne de production ont fait gagner presque 24min (c'est le temps minimal estimé puisqu'il y a des améliorations chiffrées –celle gagné en changeant les box de chargement de la matière première- et d'autres non chiffrées –dû à l'élimination des mouvements sans valeurs ajoutés et les améliorations faites au niveau des équipements). D'où un gain de 118 pièces en termes de production pour la référence 217536 E et 95 pièces pour la référence 1531319.

Le calcul de l'indicateur DMH a donné le résultat suivant (tableau 24).

Amélioration de la performance

Tableau 24: Amélioration de DMH

	Nbre d'heures/équipes	Nbre d'opératrices/équipe		Quantité produite		DMH	
		Ancien	Nouveau	Ancien	Nouveau	Ancien	Nouveau
217536E	7,66	4	3	2000	2118	153,2	108,5
1531319	7,66	4	3	1500	1595	204,27	141,1

Il est clair que le DMH a baissé de 153.2 à 106.44 pour la référence 217536 E et de 204.27 à 141.15 pour la référence 1531319 (figure 61). D'où on peut prévoir une meilleure exploitation des ressources humaines dans l'entreprise.

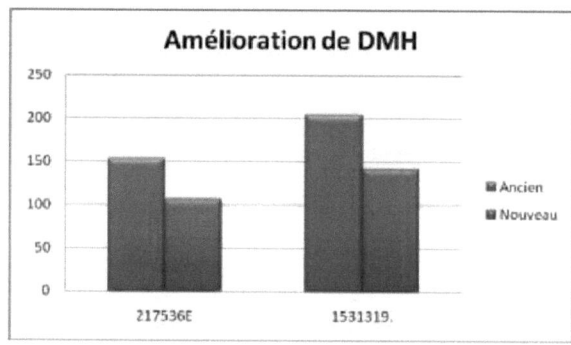

Figure 61: Amélioration de DMH

Remarque

- Pendant les pauses les opératrices laissent des pièces semi-finies en cours de fabrication montées sur les presse et le lieu de travail dis-ordonné. Pour remédier à ce problème, on a proposé de faire des fiches d'abandonnement des postes (annexe 20).

- Possibilité de réduction du temps de changement de série :

On s'intéresse dans le cadre de ce paragraphe à la minimisation des temps de changement de série afin d'augmenter les temps effectifs de production.

Amélioration de la performance

En effet, la distribution des tâches entre les opératrices est non-équilibrée. Notre plan d'action consiste à faire une distribution équilibrée de ces tâches entre les quatre opératrices. Cette solution nous a permis de ramener le temps de changement de série à 9.78 minute, aussi le temps entre les différentes opératrices est devenue plus équilibré : 6.81 minute pour la deuxième opératrice, 4.68 minute pour la troisième opératrice et 5.7 minute pour la quatrième opératrice.

La situation actuelle montre une grande perte de temps au niveau du poste 1 lors de changement de série (18min 11s), alors que les temps occupés par le poste 2 et 3 sont respectivement 3min 44s et 4 min 41s, pour cela on va concentrer notre étude pour diminuer le temps de changement de série du poste

Le tableau ci-dessous (tableau 25) donne le temps de changement de série occupé par chaque poste.

Tableau 25: Temps de changement de série avant amélioration

Poste	Tâche	Temps (sec)	Opératrice 1	Opératrice 2	Opératrice 3	Opératrice 4
poste 1	Déchargement anneau	72	X			
	Déchargement bague	90	X			
	Chargement anneau	109	X			
	Chargement Allumeur	118	X			
	Chargement bague	115	X			
	Changement paramètres	39	X			
	Changement support	95	X			
	Essai de traction	453	X			
poste 2	Changement support	56		X		
	Déchargement M.P	55		X		
	Chargement M.P	113		X		
poste 3	Déchargement Bouchon	96			X	
	Chargement Bouchon	130			X	
	Changement support	55			X	
	Temps Total (sec)		1091	224	281	0
			18min 11sec	3min 44sec	4min 41sec	0

Le tableau d'après (tableau 26) montre la nouvelle répartition des tâches entre les opératrices et les temps associés.

Tableau 26: Temps de changement de série après amélioration

Poste	Tâche	Temps (sec)	Opératrice 1	Opératrice 2	Opératrice 3	Opératrice 4
poste 1	Déchargement anneau	72		X		
	Déchargement bague	90		X		
	Chargement anneau	109				X
	Chargement Allumeur	118				X
	Chargement bague	115				X
	Changement paramètres	39	X			
	Changement support	95	X			
	Essai de traction	453	X			
poste 2	Changement support	56		X		
	Déchargement M.P	78		X		
	Chargement M.P	113		X		
poste 3	Déchargement Bouchon	96			X	
	Chargement Bouchon	130			X	
	Changement support	55			X	
	Temps Total (sec)		587	409	281	342
			9min 47sec	6min 49sec	4min 41sec	5min 42sec

Le graphe ci-dessus (figure 62) donne le temps gagné pendant le changement de série.

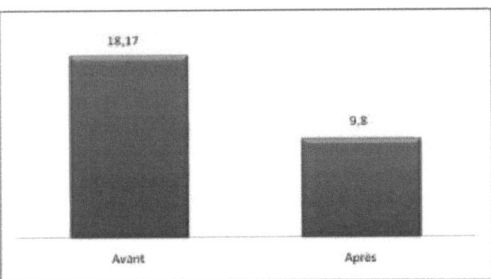

Figure 62: Amélioration du temps de changement de série (en minute)

CHAPITRE VI: Amélioration de la qualité

Amélioration de la qualité

Chapitre IV :
Amélioration de la qualité

1. Introduction

La résolution des problèmes qualité présente une action importante pour l'entreprise. En effet, cette action fait gagner sur deux axes : coût de production et coût de matière.

Dans cette partie on va se concentrer sur l'analyse des défauts de qualité des produits étudiés et trouver des solutions aux problèmes confrontés.

2. Méthodologie adoptée

Afin de résoudre ce problème, on va adopter la méthodologie suivante :

1. Collection des données
2. Elaboration des diagrammes Pareto
3. Identification des têtes de Pareto des défauts
4. Recherche des causes de la tête du Pareto des défauts en appliquant le diagramme d'Ichikawa
5. Recherche des causes potentielles à l'aide du tableau FTA
6. Elaboration des plans d'actions

3. Collection des données

Notre étude sera faite en se basant sur l'historique de rebut des mois : janvier et février. Les données seront collectées à l'aide des bons d'entrée rebuts.

Les principaux défauts présents dans notre produit sont mentionnés dans le tableau ci dessous (tableau 27).

Amélioration de la qualité

Tableau 27: Défauts présents

	Rebuts	
	217536E	1531319
Esthétique	679	44
Allumeur bloqué	744	267
Bouchon bombé-inséré	33	788
Ash-guard bloqué	655	642
Unité non conforme	135	57
Bague gratté	231	21
Bague grise	42	30
Anneau non conforme	0	12
Double anneau	1	1
Mauvaise soudure	5	11
Total	2269	1873

Afin de déterminer les défauts les plus fréquents présents dans les produits étudiés, on a utilisé le logiciel Minitab pour construire les diagrammes Pareto.

Le traitement de ces données à l'aide du logiciel Minitab donne les résultats sous forme de diagramme Pareto.

4. Analyse des défauts : Diagramme Pareto

Le diagramme Pareto (figure 63) montre que les défauts majeurs présents dans l'article 217536 E, sont respectivement :

- Allumeur bloqué
- Esthétique
- Ash guard bloqué

Amélioration de la qualité

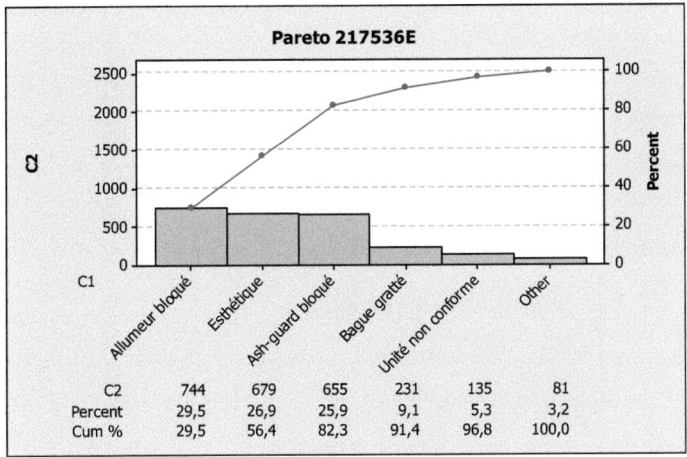

Figure 63: : Pareto 217536E

Les défauts majeurs pour la référence **1531319**, sont respectivement (figure64) :

- Bouchon inséré/bombé
- Ash guard bloqué

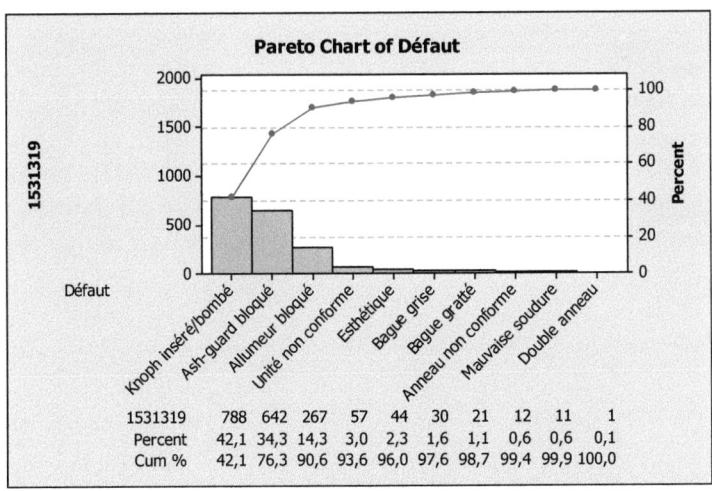

Figure 64: Pareto 1531319

Vu la similarité entre les deux produits et leurs processus de fabrication, on va faire une seule étude pour le traitement du problème de l'Ash guard bloqué.

5. Traitement de chaque défaut

Afin de déterminer les causes de chaque défaut, on a eu recours au diagramme Ichikawa.

4.1. Esthétique

4.1.1. Présentation du problème

Le client exige un état de surface de Bouchon sans grattage ni tâches avec une couleur du symbole bien claire (figure 65.a). Parfois un contrôle final montre l'existence de pièces non conformes à ces exigences (figure 65.b).

(a) (b)

Figure 65: Défaut esthétique: (a) Pièce conforme - (b) Pièce non conforme

4.1.2. Détermination des causes

La figure ci-dessous (figure 66) montre les différentes causes pouvant être l'origine de ce problème.

Amélioration de la qualité

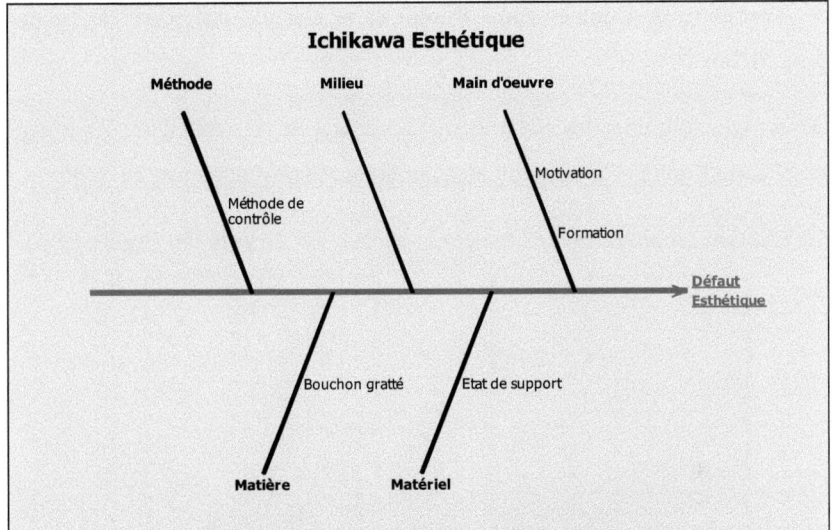

Figure 66: Ichikawa Esthétique

Pour déterminer les causes potentielles pour chaque défaut, on a utilisé la méthode des tableaux FTA (annexe 15-1). l'analyse de ce dernier nous montre que les causes principales pour le défaut d'esthétique sont essentiellement l'état de support (présence de bavure), la matière première et la main d'œuvre (formation et manque de motivation).

4.1.3. Solution proposé

- La solution trouvée pour traiter les causes de la main d'œuvre et la matière première est la formation des opératrices pour se mettre d'accord sur une méthode standard de contrôle.

- **Traitement du problème de bavure :**

1. Défaut Esthétique :
2. Pourquoi →Surface du support non propre :
3. Pourquoi → Présence de bavure :

Amélioration de la qualité

4. Pourquoi → Contact entre l'unité et la surface intérieure du poinçon (figure 67.a)

Donc pour éliminer les bavures, il faut traiter la cause racine : <u>Eliminer le contact entre l'unité et le poinçon en augmentant la profondeur de ce dernier.</u>

La solution proposée est de changer la conception du poinçon (figure 67.b).

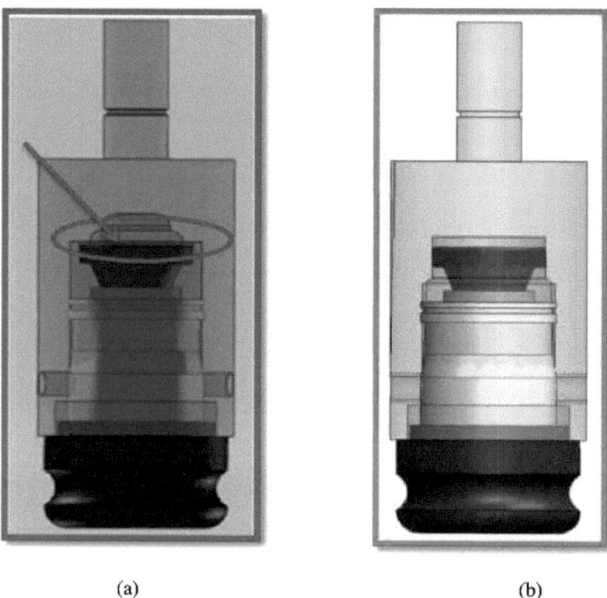

(a)   (b)

Figure 67: Conception du poinçon : (a) Conception actuelle – (b) Conception proposée

Le dessin de définition de cette solution est indiqué dans l'annexe 9.

Remarque : Ce défaut n'est présent qu'avec la référence 217536 E. En effet, le poinçon de la référence 1531319 est plus profond donc il n y a pas de contact entre la pièce et la partie intérieure du poinçon.

Une deuxième solution proposée est de changer la conception du support de la presse 4 (annexe 10).

La figure ci-dessus (figure 68) explique bien cette solution. En effet, l'appui du Bouchon sera fait sur la surface **A**, alors que la bavure sera récupéré dans le trou **B**. Dans ce cas, même s'il y a des bavures ils ne vont pas toucher la surface du Bouchon.

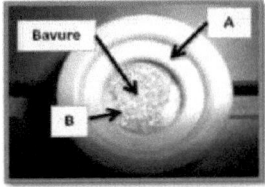

Figure 68: Nouvelle conception du support de la presse 4

4.2. Ash-guard bloqué

4.2.1. Présentation du problème

5. Un bon fonctionnement de la pièce consiste à avoir un mouvement de « va et vient » de l'Ash-guard dans l'unité (figure 69), mais parfois on remarque qu'il y a un blocage de ce mouvement, un simple contrôle manuel peut détecter ce défaut.

Figure 69: Mouvement de "va et vient" de l'Ash-guard

5.2.1. Les cause du problème

les différents causes du problème sont mentionnées dans le diagramme cause-effet (Figure 70).

Amélioration de la qualité

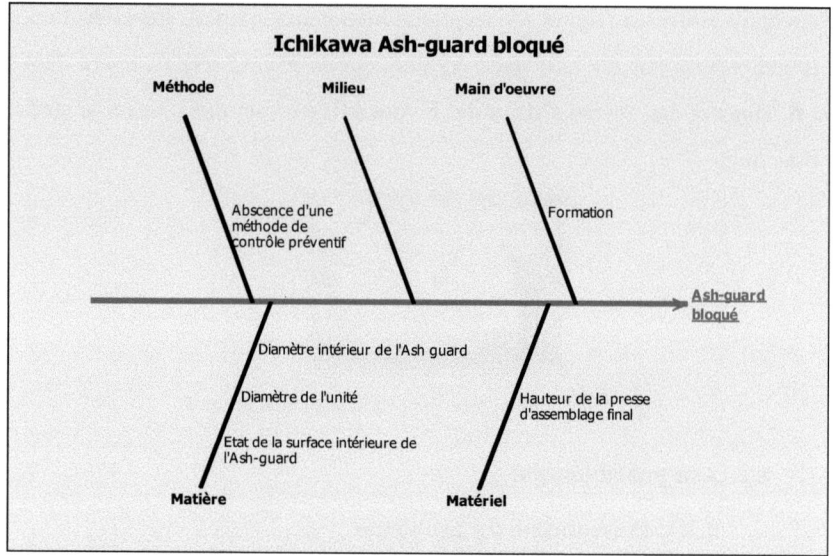

Figure 70: Ichikawa Ash-guard bloqué

Un tableau FTA peut nous aider à filtrer les causes potentielles de ce problème (annexe15-2)

D'après ce tableau, il y a trois origines principales pour ce problème :

- L'état de la surface intérieur de l'Ash-guard
- Le diamètre de l'unité
- La formation de l'opératrice : des pièces conformes sont considérées comme rebut

(déjà on a bien remarqué un dis-accord entre les opératrices sur le critère de rejet du produit).

5.2.2. Plan d'action

- Une formation des opératrices est bien nécessaire afin de mettre toute l'équipe d'accord concernant les critères non acceptés.

Amélioration de la qualité

- Afin de résoudre le problème de l'état de surface intérieure de l'Ash-guard, une action de nettoyage sera suffisante, pour cela deux solutions sont proposées :

    1. Une tige de nettoyage entourée par un chiffon (figure 71).

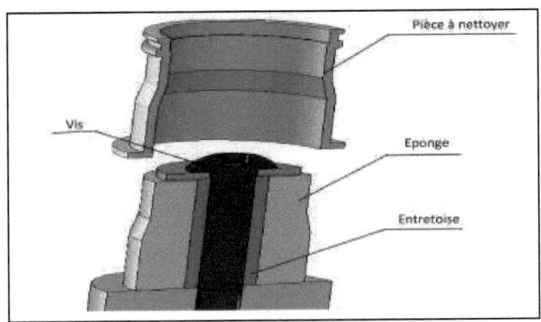

Figure 71: Tige de nettoyage

Le dessin de définition de cette solution est mentionné dans l'annexe 11.

    2. Nettoyage à l'aide du compresseur (figure 71) :

L'air comprimé est disponible à côté du poste de montage de l'Ash-guard.

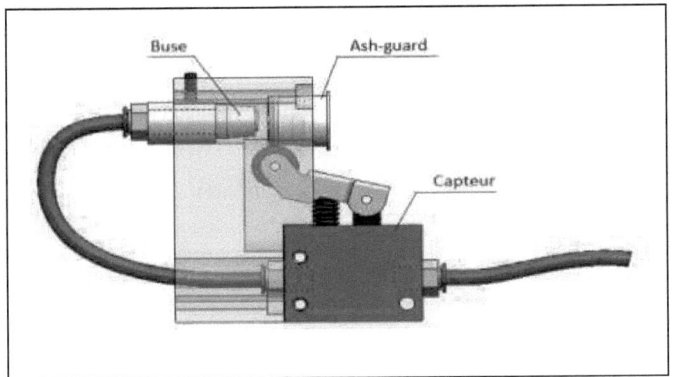

Figure 72: Nettoyage par air comprimé

Remarque: Capteur de marque FESTO qui a la référence: 10890 GG – 1/8 (annexe 19) [15]

Amélioration de la qualité

- Pour le problème du diamètre de l'unité, on doit prévoir une méthode de contrôle préventif de la matière première, des trous de contrôle (de diamètre 20.06 mm) seront une bonne solution pour ce problème (figure 73).

Figure 73: Contrôle préventif de diamètre de l'unité

C'est une solution inspiré de la ligne Peugeot et qui a montré son efficacité pour la détection de la non-conformité du diamètre de l'unité.

L'annexe 12 représente le dessin de définition de cette solution.

5.3. Problème de l'allumeur bloqué

5.3.1. Description du problème

Afin d'assurer le bon fonctionnement du produit, le mouvement de l'allumeur dans l'unité doit être facile et sans blocage (figure 74).

Figure 74: Allumeur conforme

Amélioration de la qualité

5.3.2. Les cause du problème :

Les différentes causes de ce défaut sont déterminées à l'aide du diagramme Ichikawa (figure 75).

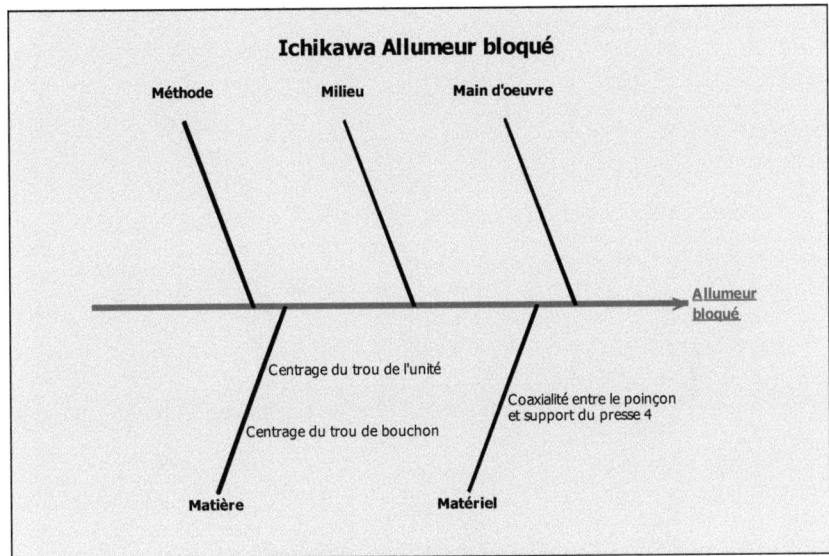

Figure 75: Ichikaa Allumeur bloqué

5.3.3. Détermination de la cause potentielle (tableau FTA: annexe 15-3)

la coaxialité entre le support et le poinçon de la presse d'assemblage finale est la cause potentielle de ce défaut.

1. Unité bloquée :
2. Pourquoi → frottement entre le Bouchon et la bague (figure 76)
3. Pourquoi → Mauvaise insertion du Bouchon dans l'unité :
4. Pourquoi →Problème de coaxialité entre le poinçon et le support de la presse :
5. Pourquoi → Poinçon incliné :
6. Pourquoi → Mauvaise fixation du poinçon
7. Pourquoi →Jeu entre l'arbre du poinçon et l'alésage de la presse

Des mesures de coaxialité (prises en utilisant un comparateur) montrent une inclinaison du poinçon par rapport au support de 0,8mm sur une longueur de 33mm (équivalent à 1,5deg).

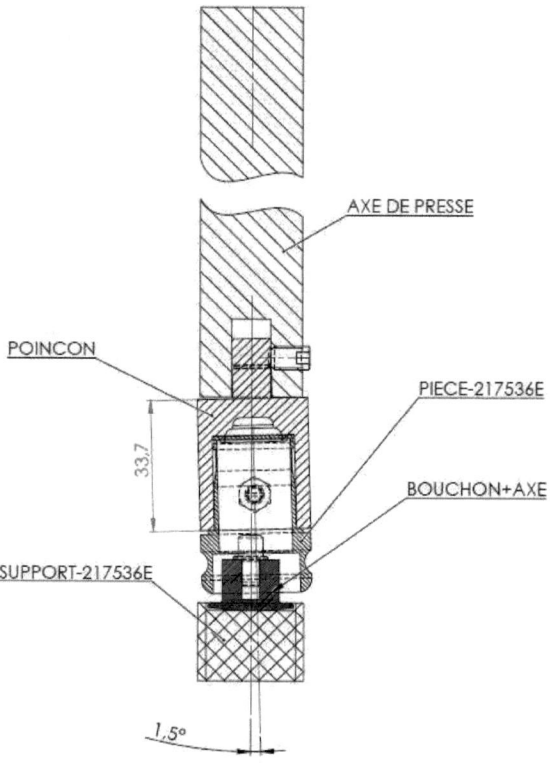

Figure 76: Coaxialité entre le poinçon et le support de la presse d'assemblage final

Par conséquent l'origine du problème est le **jeu entre l'arbre du poinçon et l'alésage de la presse**

Ces photos expliquent bien le problème de l'allumeur bloqué :

Amélioration de la qualité

Figure 77: Frottement bague/bouchon

Afin de résoudre ce problème, on va éliminer le jeu existant entre l'arbre et l'alésage. L'élimination de jeu par augmentation du diamètre de l'arbre avec un montage serré (m6) (annexe 14).

Pour augmenter la surface de contact entre l'arbre et la vis de pression, on propose de faire un arbre mi-plat.

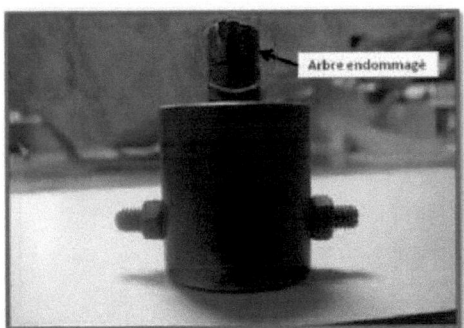

Figure 78: Matage

On remarque aussi que le matériau utilisé n'est pas assez dur (problème de matage – figure 78) pour cela on propose de faire un traitement thermique du nouveau poinçon avant son montage. En effet, on fabrique le poinçon à partir d'un acier faiblement allié (48CrMo4) puis on le chauffe pendant 15min à la température de 825°C. Enfin, on le refroidit dans un bain d'huile.

5.4. Problème du Bouchon bombé/inséré

5.4.1. Description du problème

La référence 1531319 représente beaucoup de problèmes au niveau de l'insertion du Bouchon dans l'unité. En effet, une mauvaise insertion cause soit des bouchons insérés soit des Bouchons bombés.

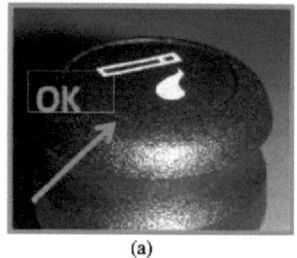
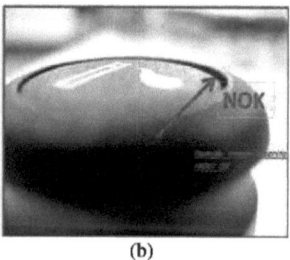

(a)   (b)

Figure 79: (a). Pièce conforme - (b). Bouchon inséré

5.4.2. Les cause du problème

Le diagramme Ichikawa nous donne les différentes causes qui peuvent être la source de ce problème (Figure 80).

Amélioration de la qualité

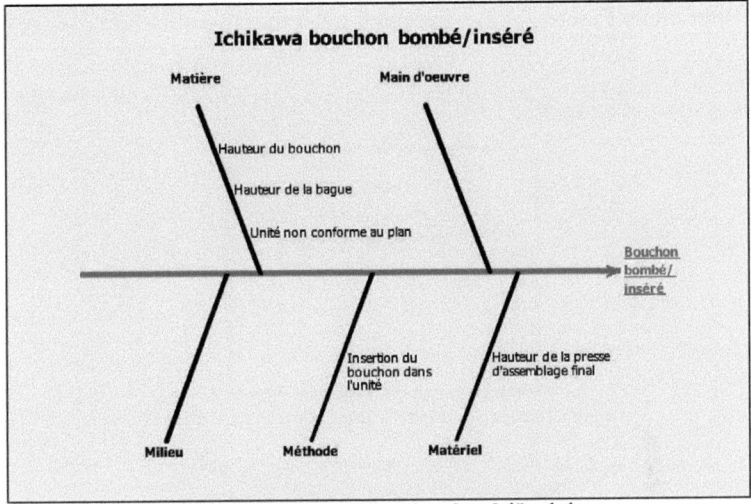

Figure 80: Ichikawa Bouchon bombé/inséré

L'étude FTA montre que la hauteur de la presse, la non-conformité de l'unité celle indiqué sur le plan (ce qui engendre une insertion partielle de l'axe) et la méthode de l'insertion du bouchon dans l'unité sont les causes potentielles de ce défaut (annexe 15-4).

L'unité utilisée dans le plan du produit fini et la référence correspondante ne sont pas compatible. En effet, on dessine la pièce 218815 et on indique la référence de la pièce 217403 (figure 81).

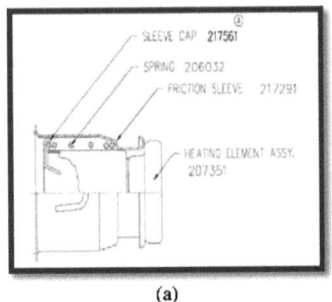
(a)

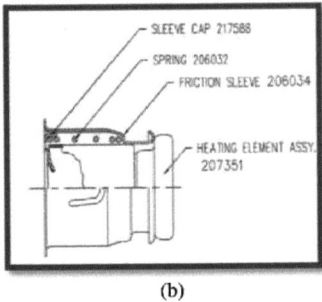
(b)

Figure 81: (a). Unité utilisé réellement dans l'assemblage (217403) - (b): Unité indiqué dessiné dans le plan (218815)

Amélioration de la qualité

L'utilisation de l'unité 218815 permet d'avoir une insertion totale du bouchon dans cette dernière (figure 82). Alors que, l'insertion du bouchon dans l'unité 217403 est partielle (annexe 13).

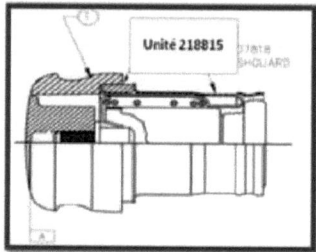

Figure 82: Bouchon inséré totalement dans l'unité 218815

On note aussi que le contrôle du bombage du bouchon s'effectue à l'aide d'une réglette.

Le plan de la pièce 1531319 représente un bombage au niveau du Bouchon par rapport à la bague (figure 83). Le contrôle avec la réglette ne prend pas compte de cet aspect, d'où des pièces conformes seront considérées comme rebuts et ils seront jetées.

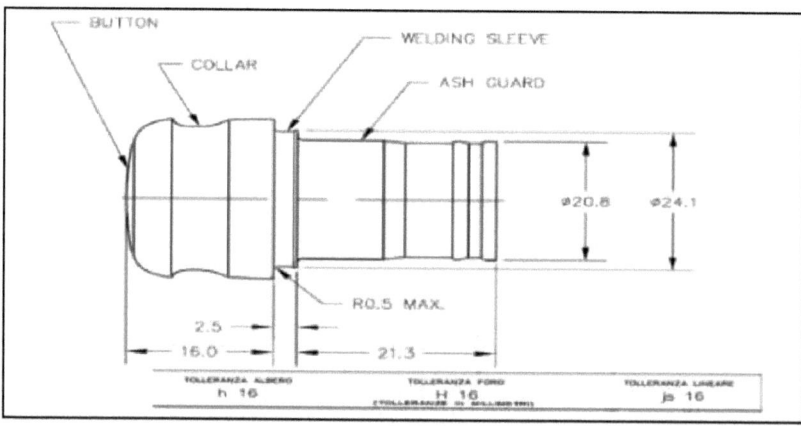

Figure 83: Cotation dimensionnelle - 1531319

Aussi, on note que la hauteur du bouchon par rapport à la bague a une côte de 16±0.55 (figure 83). Ce standard donne des pièces non conforme (la limite supérieure) malgré qu'elles soient dans la tolérance.

4.4.3. Plan d'action

* <u>Hauteur de la presse</u> : La hauteur de la presse est réglée aléatoirement, sans qu'il y a une référence ni standard à respecter, d'où la nécessité d'équiper la presse d'une règle en plus d'une butée fin de course, vu que cette hauteur peut diminuer à cause des vibrations causée par le levier.

Figure 84: marquage de la hauteur de la presse

* <u>Méthode de contrôle</u> : Si on revient au plan du produit fini de la référence 1531319 (figure 81), on remarque que le contrôle avec une règle ne peut pas être en accord avec la demande du client qui exige un niveau de bombage du Bouchon.

* <u>Côtes fonctionnel</u> : Les côtes standards indiquées par le client ne sont pas valables. En effet, la limite supérieure donne des pièce non conforme malgré qu'elles sont dans l'intervalle demandé.

* <u>Plan</u> : Ce problème exige une discussion avec le client afin de corriger la référence de l'unité indiqué dans plan.

Conclusion : Le fait de changer l'unité par celle indiquée dans le plan, va résoudre tout ces problèmes (insertion et inclinaison du Bouchon) et résoudre même le problème de l'allumeur bloqué.

Remarques

1- On peut utiliser les pièces avec les défauts d'esthétique, de mauvaise insertion ou de bombage dans le test de produit de référence 1531439 (100pièce/6mois) (figure 85).

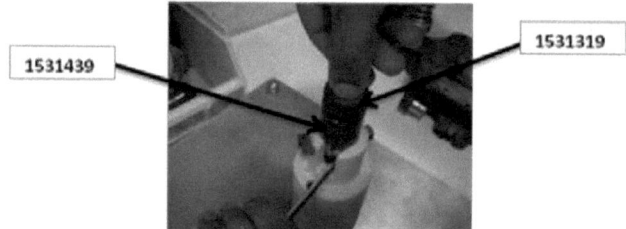

Figure 85: Test de la pièce 1531439

Cette solution est applicable pour tout les produits fabriqué et qui demande des test par d'autres produits fabriqués à ACT.

2- La motivation des opératrices est une action importante pour la résolution des problèmes de qualité.

Parmi les solutions proposées pour motiver les opératrices est celle de les faire participer dans l'amélioration de la ligne en prenant au sérieux leurs suggestions. Une fiche de suggestion peut satisfaire cette action (annexe 16), puisque l'opératrice va travailler donne un endroit où elle a donner ses idées.

3- Au cours de mon travail sur ce projet, j'ai rencontré beaucoup de problèmes dans la collection des informations concernant le rebut pour cela j'ai eu l'idée de faire une fiche de suivie de rebuts pour chaque poste (annexe 17).

Conclusion générale

Tout au long de ce projet, On a utilisé les outils d'amélioration continue utilisés fréquemment dans l'industrie dans l'objectif d'optimiser une ligne d'assemblage des allumes cigares ainsi que la résolution des problèmes existants de la ligne.

Tout d'abord, On a réalisé une diagnostique (Indicateur TRS) qui a permis d'identifier les lacunes de la ligne de production.

Dans un premier temps, on a essayé de réaménager la ligne de production pour réaliser une répartition optimale des postes d'assemblage dans l'objectif de garantir une meilleur ergonomie au cours du travail.

Dans un second temps, j'ai essayé d'améliorer la performance des opératrices afin d'augmenter la productivité de la ligne. Pour cela, on a appliqué la méthode KAIZEN.

Enfin, pour garantir une meilleur qualité des produits, on a utilisé le diagramme cause effet ainsi que le diagramme Pareto et le FTA pour réduire le taux de rejet du produit.

Durant ce projet, on a eu l'occasion d'approfondir et d'appliquer mes connaissances et d'apprendre de nouvelles techniques d'amélioration continue très utilisées dans les entreprise industrielles et d'acquérir une expérience qui a permis à bien s'intégrer dans le milieu professionnel.

Perspectives

- Internalisation de la tâche de tamponnage des bouchons : les bouchons mal tamponnés sont remis au fournisseur afin de les re-tamponner ce qui va ajouter un cout additionnel pour le groupe Casco (le cout du transport) alors que si on arrive à internaliser cette tâche à ACT on va gagner ce coût là.

- Motivation des opératrices : le taux de rebuts à ACT est très important (plus que **20 000 ppm**), le nombre des réclamations et la production de plus que *143 000 pièces/ jour* (pour toute les références) représentent les problèmes majeurs d'ACT. Au cours de ce projet, on a essayé de trouver les causes techniques de ces problèmes, de les analyser et enfin de proposer des solutions (pour la ligne Center Push), mais il faut signaler aussi l'importance du côté humain puisque les opératrices sont la première boucle de notre chaîne de production et elles sont les premières responsables à avoir une bonne qualité (autocontrôle) et une meilleure productivité d'où la nécessité de la motivation des opératrices (autre que la motivation financière). Parmi les idées qu'on propose pour ACT est d'essayer de faire participer les opératrices dans le processus de fabrication en prenant en considérations leurs idées et leurs propositions (j'ai bien remarqué, quelques fois, qu'une opératrice connait mieux les détails d'un produit qu'un ingénieur en plus mes discussions avec les opératrices m'a permis de mieux comprendre la procédure du travail et par la suite trouver des solutions aux problèmes traités). L'élaboration d'une fiche de suggestion (voir annexe) et un meeting organisé entre les opératrices avec leurs responsables afin de discuter les problèmes rencontrés (une pause-café de 30 min chaque deux semaines par exemples) sera bien apprécié. Cela assurera le sens de l'engagement et la motivation des opératrices vers ACT et améliorera la communication entre les différents collaborateurs dans une ambiance d'équipe unis et sein.

- Parmi les sources des retards des délais de livraison (une charge supplémentaire pour l'entreprise) l'indisponibilité du stock de la matière première. D'où la nécessité d'étudier les techniques d'ordonnancement utilisée par l'entreprise et de trouver des solutions pour réduire ou éliminer ces retards.

Références bibliographiques

22/05/2011

[1] : Kaizen insitute, « Séminaire fondements KAIZEN »

[2] : Masaaki Imai, « KAIZEN la clé de la compétitivité japonaise » EYROLLES, 1992.

[3] : http://www.vision-lean.fr/

[4] : Bernard Clément « Le diagramme Pareto », Masson, 2007

[5] : http://www.yrelay.com

[6] : Organisme de recherche et d'information sur la logistique et le transport « Documentation sur la gestion de la qualité »

[7] : http://chohmann.free.fr/qualite/ichikawa.htm

[8] : www.ouati.com

[9] : Maher HELAOUI, "ETUDE DE TEMPS ET DE MOUVEMENT », 2005

[10] : Amin Chaabane, « Système manufacturier: Atelier monogamme

Aménagement linéaire », 2009

[11] : André AYEL, « Le TRS : outil de la performance industrielle », décembre 2005

[12] : Yousfi Wadii, « Réduction des rebuts dans des lignes de production » Valeo, PFE 2010

[13] : Abid Khemais « Internalisation du processus tampographie des produits IPM », PFE 2010

[14] : http://www.sick.com/fr/fr-fr/home/Pages/Homepage1.aspx

[15] : http://www.festo.com/cms/fr_fr/index.htm

Annexes

Annexe 1

217536E	Semaine 1						
	1	2	3	4	5	6	7
Production	3500	5000	3000	2900			
Rebuts	115	161	63	75			
Opératrice	7	8	6	7			
Temps (h)	16	24	16	15,5			

1531319	Semaine 1						
	1	2	3	4	5	6	7
Production				56	1870	2248	600
Rebuts				8	69	42	59
Opératrice				7	7	7	2
Temps (h)				0,5	16	20	8
Opératrice	7	8	6	7	7	7	2
Panne							
Qté totale 217536E	14400						
Rebut total	414						
Qté total 1531319	4774						
Rebut total	178						
Temps d'ouverture (h)	16	24	16	16	16	20	8
Total d'ouverture total	116						
Temps requis(h)	111,34						
Temps de fonctionnement (h)	110,35						
Temps Net (h)	86,34						
Temps utile (h)	83,85						
Taux de qualité 217536E	0,97						
Taux de qualité 1531319	0,96						
taux de performance	0,78						
Disponiblité	0,99						
TRS/217536E	0,75						
TRS/1531319	0,74						
Taux de qualité Total	0,97						
TRS total	0,75						

217536E	Semaine 2						
	1	2	3	4	5	6	7
Production	4668	1848		4016	3760	2000	
Rebuts	124	41		147	141	47	
Opératrice	9	4		8	8	4	
Temps (h)	24h	8h		16h	16h	8h	
							panne: 5h

1531319	Semaine 2						
	1	2	3	4	5	6	7
Production			2204				200
Rebuts			159				241
Opératrice			8				4
Temps (h)			16h				8h
Opératrice	9	4	8	8	8	4	4
Panne							

Qté totale 217536E	16292
Rebut total	500
Qté total 1531319	2404
Rebut total	400

Temps d'ouverture (h)	24	8	16	16	16	8	8

Temps total d'ouverture total (h)	96
Temps requis(h)	91,92
Temps de fonctionnement (h)	86,26
Temps Net (h)	75,62
Temps utile (h)	71,97
Taux de qualité 217536E	0,97
Taux de qualité 1531319	0,86
Taux de performance	0,88
Disponiblité	0,94
TRS/217536E	0,8
TRS/1531319	0,71
Taux de qualité Total	0,95
TRS total	0,86

217536E	Semaine 3						
	1	2	3	4	5	6	7
Production	2180		3760	3500	4000	2024	500
Rebuts	56		81	54	116	28	12
Opératrice	8		8	7	8	4	4
Temps (h)	8,5h		16h	16h	16h	8h	8
							Manque M.P
1531319	Semaine 3						
	1	2	3	4	5	6	7
Production	1122	1122					
Rebuts	57	61					
Opératrice	4	4					
Temps (h)	7,5h	8h					
Opératrice	8	4	8	7	8	4	4
Panne							
Qté totale 217536E	15964						
Rebut total	347						
Qté total 1531319	2244						
Rebut total	118						
Temps d'ouverture (h)	16	8	16	16	16	8	8
Temps total d'ouverture total (h)	88						
Temps requis(h)	84,26						
Temps de fonctionnement (h)	78,27						
Temps Net (h)	68,65						
Temps utile (h)	66,9						
Taux de qualité 217536E	0,98						
Taux de qualité 1531319	0,95						
Taux de performance	0,88						
Disponiblité	0,93						
TRS/217536E	0,8						
TRS/1531319	0,78						
Taux de qualité Total	0,97						
TRS total	0,79						

217536E	Semaine 3						
	1	2	3	4	5	6	7
Production		504	3516	3348	3516	3516	500
Rebuts		23	88	102	52	77	20
Opératrice		3	7	7	7	7	4
Temps (h)		4h	16h	16h	16h	16h	

1531319	Semaine 3						
	1	2	3	4	5	6	7
Production	2646	1870					758
Rebuts	113	62					23
Opératrice	7	4					4
Temps (h)	16h	12h					
Opératrice	7	7	7	7	7	7	4
Panne	poste 4: 0,5h	poste4: 1h			poste1: 0,5h		
Qté totale 217536E	14900						
Rebut total	362						
Qté total 1531319	5274						
Rebut total	198						
Temps d'ouverture (h)	16	16	16	16	16	16	8
Temps total d'ouverture total (h)	104						
Temps requis(h)	99,58						
Temps de fonctionnement (h)	96,59						
Temps Net (h)	90,86						
Temps utile (h)	88,42						
Taux de qualité 217536E	0,98						
Taux de qualité 1531319	0,96						
Taux de performance	0,94						
Disponibilité	0,97						
TRS/217536E	0,89						
TRS/1531319	0,88						
Taux de qualité Total	0,97						
TRS total	0,88						

Annexe 2

217536E

Poste N°	Désignation		fréq	Temps chronométrage																				Temps d'opération	Temps de poste
				1	2	3	4	5	6	7	8	9	10	11	12	13	14	15	16	17	18	19	20		
1	Soudure ultra-sonique	Contrôle M.P	1	3,2	4,3	2,9	3,59	3,9	3,55	3,1	4	4,6	3,2	2,1	3,5	4,07	2,1	4,75	4,9	3,9	3,05	1,87	3,3	3,9	11,95
		Soudure		8	10,4	6,1	8,01	9,1	8,05	7,9	8	8,1	7,8	9,9	8	8,03	8,7	9,95	10,1	7,3	7,55	7,62	11,7	8,05	
2	Montage Ash-garde	Contrôle avant assemblage	1	1,01	1,9	0,87	2,6	2,01	1,57	2,35	1,53	1,2	0,91	1,56	1,71	1,8	2,21	1,99	2,1	2,5	1,89	2,92	1,89	1,83	5,35
		Assemblage		2,71	1,82	2,9	2,03	1,66	2,89	3	2,89	2,14	2,99	1,98	2,63	1,63	2,53	2,72	1,91	1,28	2,47	2,19	2,28	2,33	
		Contrôle après assemblage		0,83	1,91	0,3	1,37	1,34	0,57	1,02	0,6	0,68	0,79	0,99	0,66	1,07	1,86	1,07	1,59	2,48	0,74	1,99	2,03	1,19	
3	Montage knoph	Contrôle M.P	1	0,64	1,66	0,97	2,19	2	1,82	3,47	2,02	0,87	1,07	0,58	1,98	0,35	2,7	2,49	2,64	2,48	1	2,89	2,9	2,82	6,72
		Assemblage		3,91	3,97	3,1	3,81	3,01	3,21	2,9	3	3,15	3,62	3,95	3,02	4,15	3,9	3,29	2,96	3,78	4,1	4,21	3,3	3,90	
4	Montage final	Contrôle avant assemblage	1	2,01	2,1	3,09	1,87	1,4	2,2	4,11	2	1,9	2,36	2,41	2,97	1,5	1,66	2,12	2,15	2,31	2,75	2,08	2,21	2,26	12,71
		Assemblage		3,76	4,61	6,12	4,32	3,38	4,97	8,43	5,05	4,83	5,26	4,86	5,71	3,74	5,31	3,81	4,48	5,11	5,97	3,9	4,31	4,93	
		Contrôle après assemblage		2,43	3,48	2,19	2,81	3,22	2,26	2,46	2,95	3,25	2,77	2,97	3,01	4,27	3,01	3,43	3,37	2,36	3,28	2,45	2,79	2,94	
		Emballage	10	10,4	10,9	12	20	20,5	29,8	9,61	15	17	11,6	15,2	13,4	15	14,2	15,5	15,6	14,7	14,8	13	28,9	2,58	

Annexe 3

1531319

Poste N°	Désignation		fréq	Temps chronométrage																				Temps d'opération (sec)	Temps de poste (sec)
				1	2	3	4	5	6	7	8	9	10	11	12	13	14	15	16	17	18	19	20		
1	Soudure ultra-sonique	Contrôle M.P	1	3,2	4,3	2,9	3,59	3,9	3,55	3,1	4	4,6	3,2	2,1	3,5	4,07	2,1	4,75	4,9	3,9	3,05	1,87	3,3	3,9	11,95
		Soudure		8	10,4	6,1	8,01	9,1	8,05	7,9	8	8,1	7,8	9,9	8	8,03	8,7	9,95	10,1	7,3	7,55	7,62	11,7	8,05	
2	Montage Ash-garde	Contrôle avant assemblage	1	1,01	1,9	0,87	2,6	2,01	1,57	2,35	1,53	1,2	0,91	1,56	1,71	1,8	2,21	1,99	2,1	2,5	1,89	2,92	1,89	1,83	5,35
		Assemblage		2,71	1,82	2,9	2,03	1,66	2,89	3	2,89	2,14	2,99	1,98	2,63	1,63	2,53	2,72	1,91	1,28	2,47	2,19	2,28	2,33	
		Contrôle après assemblage		0,83	1,91	0,3	1,37	1,34	0,57	1,02	0,6	0,68	0,79	0,99	0,66	1,07	1,86	1,07	1,59	2,48	0,74	1,99	2,03	1,19	
3	Montage knoph	Contrôle M.P	1	0,64	1,66	0,97	2,19	2	1,82	3,47	2,02	0,87	1,07	0,58	1,98	0,35	2,7	2,49	2,64	2,48	1	2,89	2,9	2,82	6,72
		Assemblage		3,91	3,97	3,1	3,81	3,01	3,21	2,9	3	3,15	3,62	3,95	3,02	4,15	3,9	3,29	2,96	3,78	4,1	4,21	3,3	3,90	
4	Montage final	Contrôle avant assemblage	1	2,01	2,1	3,09	1,87	1,4	2,2	4,11	2	1,9	2,36	2,41	2,97	1,5	1,66	2,12	2,15	2,31	2,75	2,08	2,21	2,26	10,12
		Assemblage		3,76	4,61	6,12	4,32	3,38	4,97	8,43	5,05	4,83	5,26	4,86	5,71	3,74	5,31	3,81	4,48	5,11	5,97	3,9	4,31	4,93	
		Contrôle après assemblage		2,43	3,48	2,19	2,81	3,22	2,26	2,46	2,95	3,25	2,77	2,97	3,01	4,27	3,01	3,43	3,37	2,36	3,28	2,45	2,79	2,94	
6	Timbrage		1	1,59	3,9	2,1	2,33	1,9	2	3	1,6	4	2	2,31	2,01	1,7	1,9	2,3	2	2,02	1,66	3,02	3,2	2,33	2,33
7	Emballage + Contrôle		10	45,4	46,4	47,4	48,4	49,4	50,4	51,4	52,4	53,4	54,4	55,4	56,4	57,4	58,4	59,4	60,4	61,4	62,4	63,4	64,4	6,49	6,49

Annexe 4

	Instruction de travail	Automotive Components Tunisia Parc d'activité économique de Bizerte Site de Menzel Bourguiba B.P 146 7050 Tunisie
Automotive Components Tunisia	FB-D-001	

Produit: 1531319 Volvo Center Push	Poste de travail N°: 5/6
Opération: Test électrique	Mode d'élaboration: S.A
	Equipement N° :TsF-023

Description :

➢ **_Mise en marche testeur :_**

-Suivre les étapes indiqués à l'instruction de mise en marche N° : **205**

➢ **_Procédure de test :_**
- Insérer l'allumeur **1531319** dans la canotto **Ford Focus 354A283 modifiée** (càd qui ont une longueur plus courte) **(Photo 1)**
- Placer le sous ensemble sur le support de test **(Photo 2)**
- Ensuite appuyer sur le knopf **(Photo 3)**

- Attendre jusqu'à la fin du cycle et l'affichage des résultats de test :

❖ Si les voyant Vert de l'afficheur s'allume la pièce est conforme **(Photo 4)** il faut la placer dans le plateau approprié et placer la canotto dans le bac approprié pour qu'elle se refroidit et utiliser une autre.

❖ Si l'un des voyants Rouges de l'afficheur s'allume la pièce est non conforme **(Photo 5)** il faut la placer dans le bac rouge **(Photo 6)**.

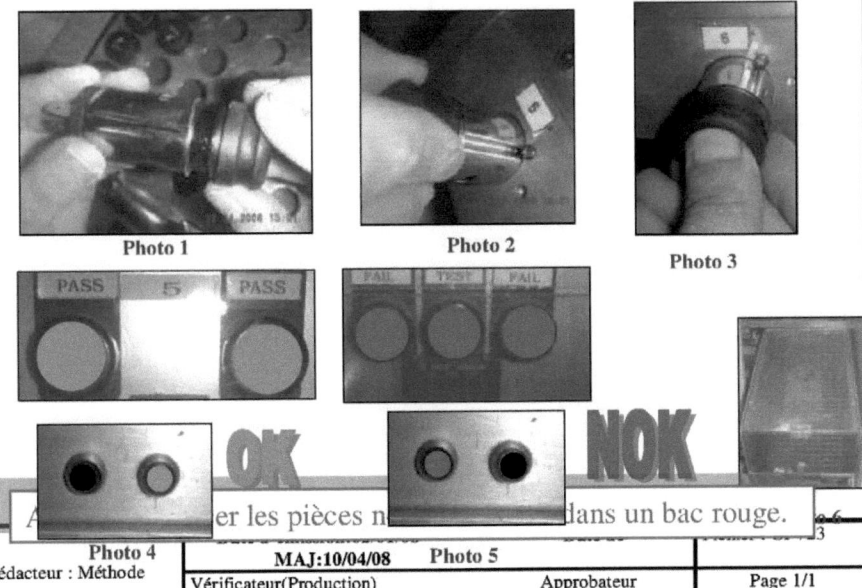

Photo 1   Photo 2   Photo 3

Photo 4   Photo 5

Rédacteur : Méthode	MAJ:10/04/08		
	Vérificateur(Production) (Qualité)	Approbateur	Page 1/1

Annexe 5

	Instruction de travail	Automotive Components Tunisia Parc d'activité économique de Bizerte Site de Menzel Borguiba B.P 146 7050 Tunisie
Automotive Components Tunisia		
	FB-D-001	
Produit: 1531319 (Center Push Volvo)		Poste de travail N°: 1/5
Opération: Soudure ultraSonique		Mode d'élaboration: S.A
		N° d'équipement : PrS-076/PrS-008

N°	Opérations	Photos
1	* Contrôler la matière première	
2	* Placer la bague plastique sur le support	
3	* Monter l'anneau sur l'unité réchauffante	

Rédacteur : Méthode	Date d'émission:02/01/08	Date de MAJ:10/04/08	Fichier : CI-723
	Vérificateur(Production)	Approbateur (Qualité)	Page 1/2

	Instruction de travail FB-D-001	Automotive Components Tunisia Parc d'activité économique de Bizerte Site de Menzel Borguiba B.P 146 7050 Tunisie

Produit: 1531319 (Center Push Volvo)	Poste de travail N°: 1/5
Opération: Soudure ultraSonique	Mode d'élaboration: S.A
	N° d'équipement : PrS-076/PrS-008

4	* Placer le sous ensemble anneau+unité réchauffante sur la bague	
5	* Appuyer simultanément sur les deux boutons poussoirs pour faire la soudure	
6	* Mettre la pièce assemblée dans le plateau réservé	

Rédacteur : Méthode	Date d'émission:02/01/08 MAJ:10/04/08	Date de	Fichier : CI-723
	Vérificateur(Production)	Approbateur (Qualité)	Page 1/2

	**Instruction de travail** FB-D-001	Automotive Components Tunisia Parc d'activité économique de Bizerte Site de Menzel Borguiba B.P 146 7050 Tunisie

Produit: 1531319 (Center Push Volvo)	*Poste de travail N°: 2/5*
Opération: Assemblage final	Mode d'élaboration: Manuel
	N° d'équipement : PrS-078/PrS-084

N°	Opérations	Photos
1	* Contrôler produit semi-fini	
2	* Contrôler matière première	
3	* Monter L'unité réchauffante+fourneau assemblés dans le poinçon de la presse	

Rédacteur : Méthode	Date d'émission:02/01/08 MAJ:10/04/08	Date de	Fichier : CI-723
	Vérificateur(Production)	Approbateur (Qualité)	Page 1/2

	Automotive Components Tunisia	Instruction de travail FB-D-001	Automotive Components Tunisia Parc d'activité économique de Bizerte Site de Menzel Borguiba B.P 146 7050 Tunisie

Produit: 1531319 (Center Push Volvo)	Poste de travail N°: 2/5
Opération: Assemblage final	Mode d'élaboration: Manuel
	N° d'équipement : PrS-078/PrS-084

4	* Placer le bouchon imprimé sur le support de la presse	
5	* Faire descendre le levier de la presse manuelle pour faire l'assemblage	
6	* Démonter la pièce et faire le contrôle final	

Rédacteur : Méthode	Date d'émission:02/01/08	Date de MAJ:10/04/08	Fichier : CI-723
	Vérificateur(Production)	Approbateur (Qualité)	Page 2/2

	Instruction de travail	Automotive Components Tunisia
Automotive Components Tunisia		Parc d'activité économique de Bizerte Site de Menzel Borguiba B.P 146 7050 Tunisie
	FB-D-001	

Produit: 1531319 (Center Push Volvo)	Poste de travail N°: 2/5
Opération: Assemblage final	Mode d'élaboration: Manuel
	N° d'équipement : PrS-078/PrS-084

7	* Mettre la pièce finie dans le plateau réservé	

Rédacteur : Méthode	Date d'émission:02/01/08	Date de MAJ:10/04/08	Fichier : CI-723
	Vérificateur(Production)	Approbateur (Qualité)	

	**Instruction de travail** FB-D-001	Automotive Components Tunisia Parc d'activité économique de Bizerte Site de Menzel Borguiba B.P 146 7050 Tunisie
Produit:1531319 (Center Push Volvo)		*Poste de travail N°: 3/5*
Opération: Assemblage Bouchon+Axe		Mode d'élaboration: Manuel
		N° d'équipement : PrS-076/PrS-008

N°	Opérations	photos
1	* Contrôler l'esthétique du bouchon imprimé	
2	* Placer le bouchon sur le support de la presse	
3	* Monter l'axe dans le poinçon de la presse	

	Instruction de travail	Automotive Components Tunisia Parc d'activité économique de Bizerte Site de Menzel Borguiba B.P 146 7050 Tunisie
	FB-D-001	

Produit:1531319 (Center Push Volvo)	Poste de travail N°: 3/5
Opération: Assemblage Bouchon+Axe	Mode d'élaboration: Manuel
	N° d'équipement : PrS-076/PrS-008

4	* Faire descendre le levier de la presse manuelle pour faire l'assemblage	
5	* Démonter la pièce assemblée de la presse et la placer dans le bac réservé	
6	* Faire l'emballage	

Annexe 6

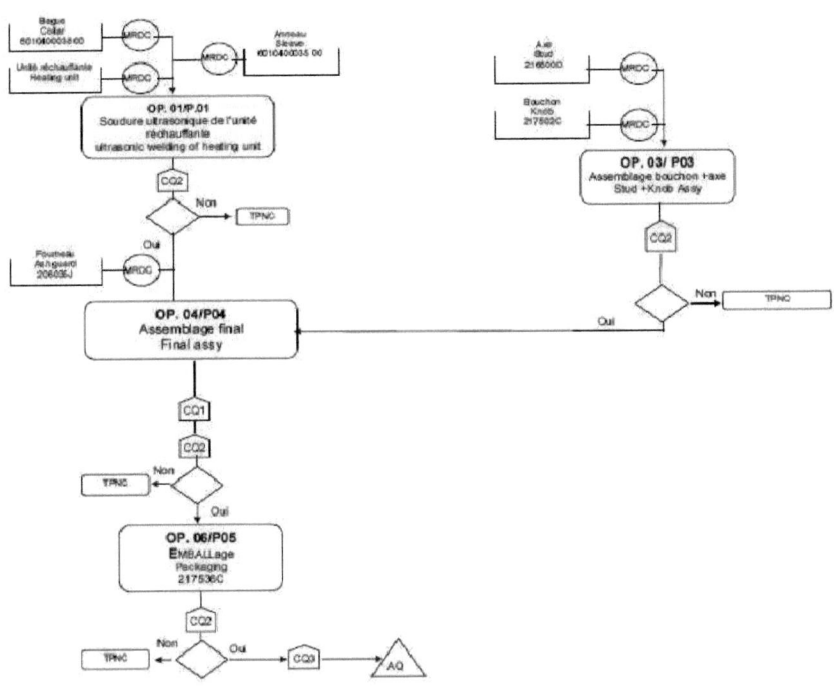

Synoptique 217536 E

Annexe 7

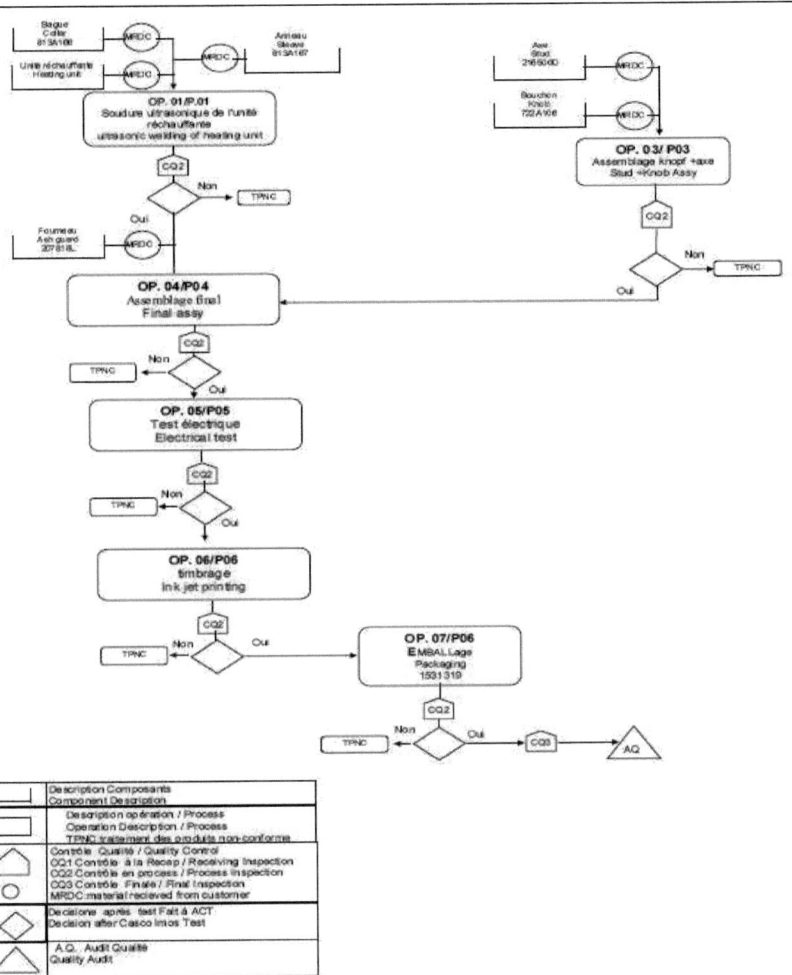

Synoptique 1531319

Annexe 8

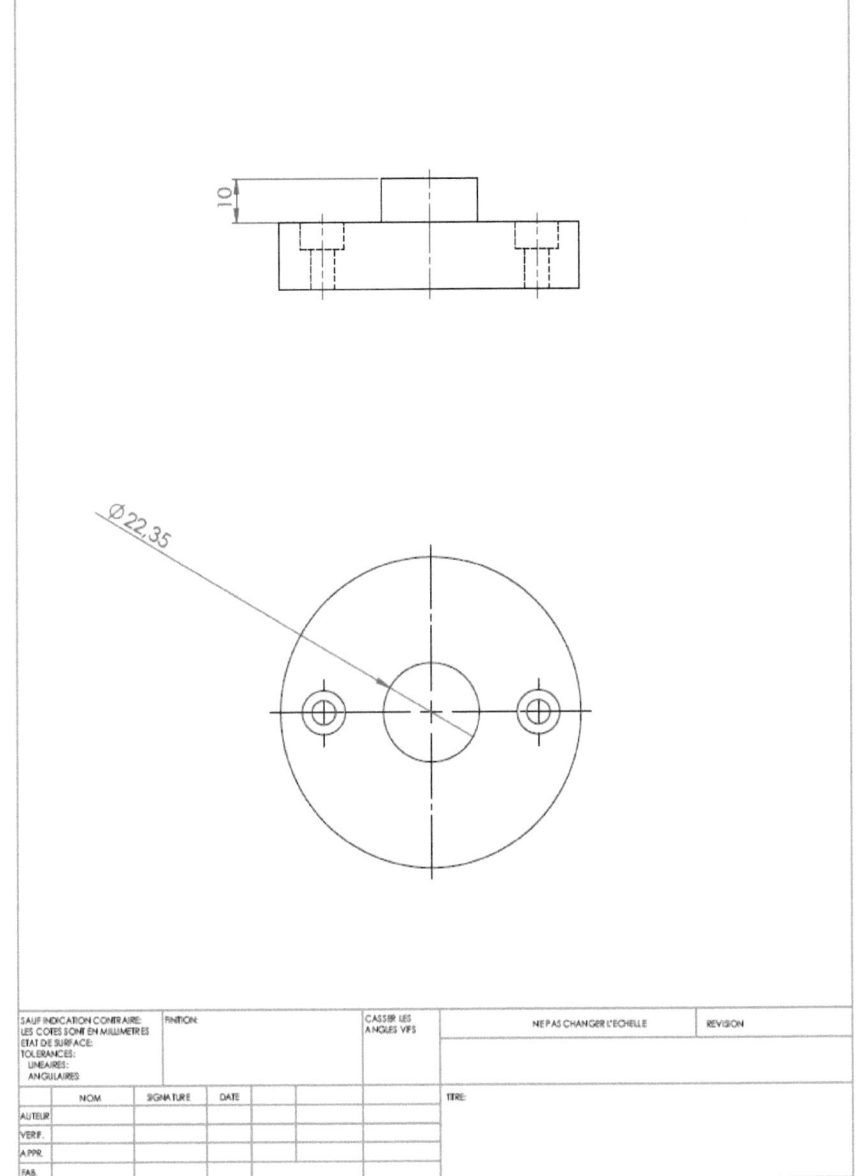

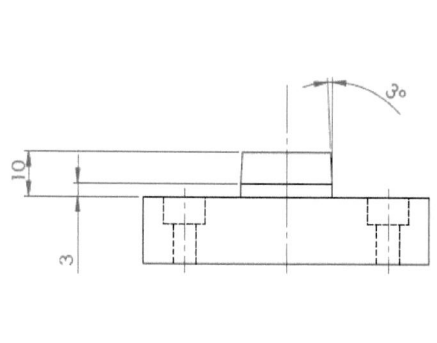

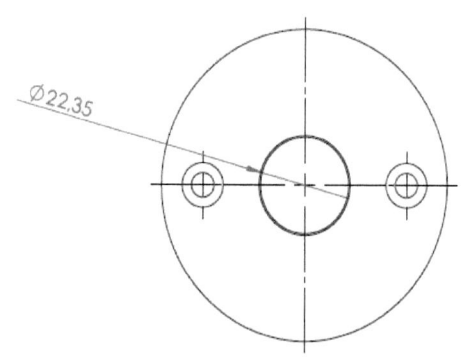

Annexe 9

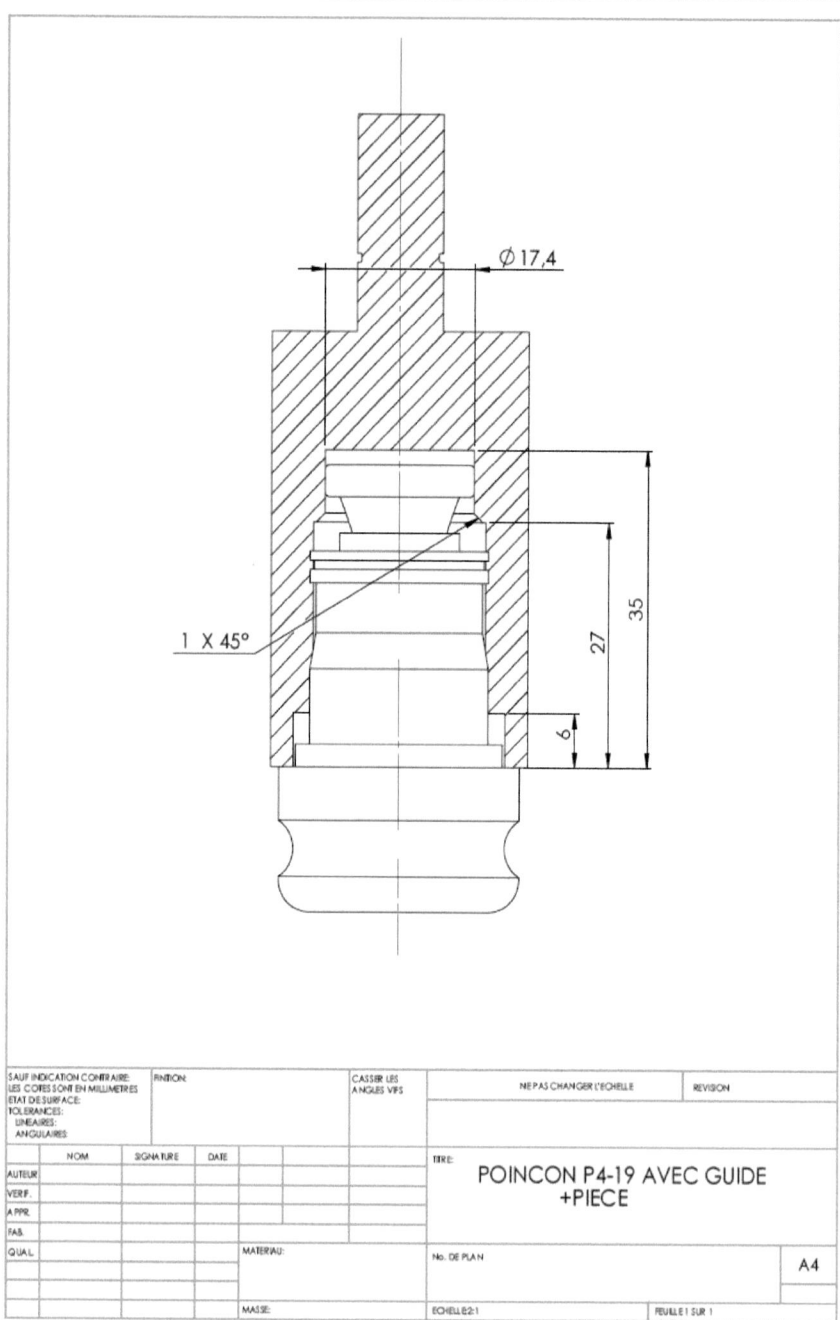

Annexe 10

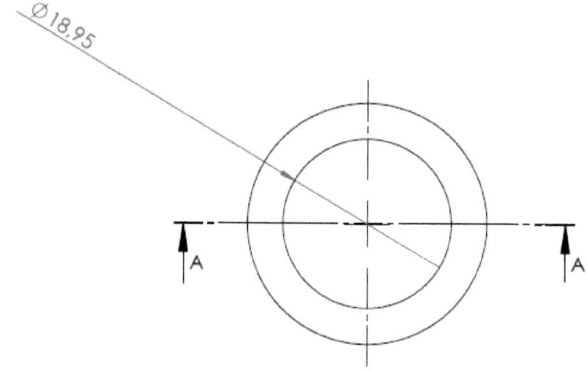

COUPE A-A

Ø18.95

No. DE PLAN: supportpresse3-19

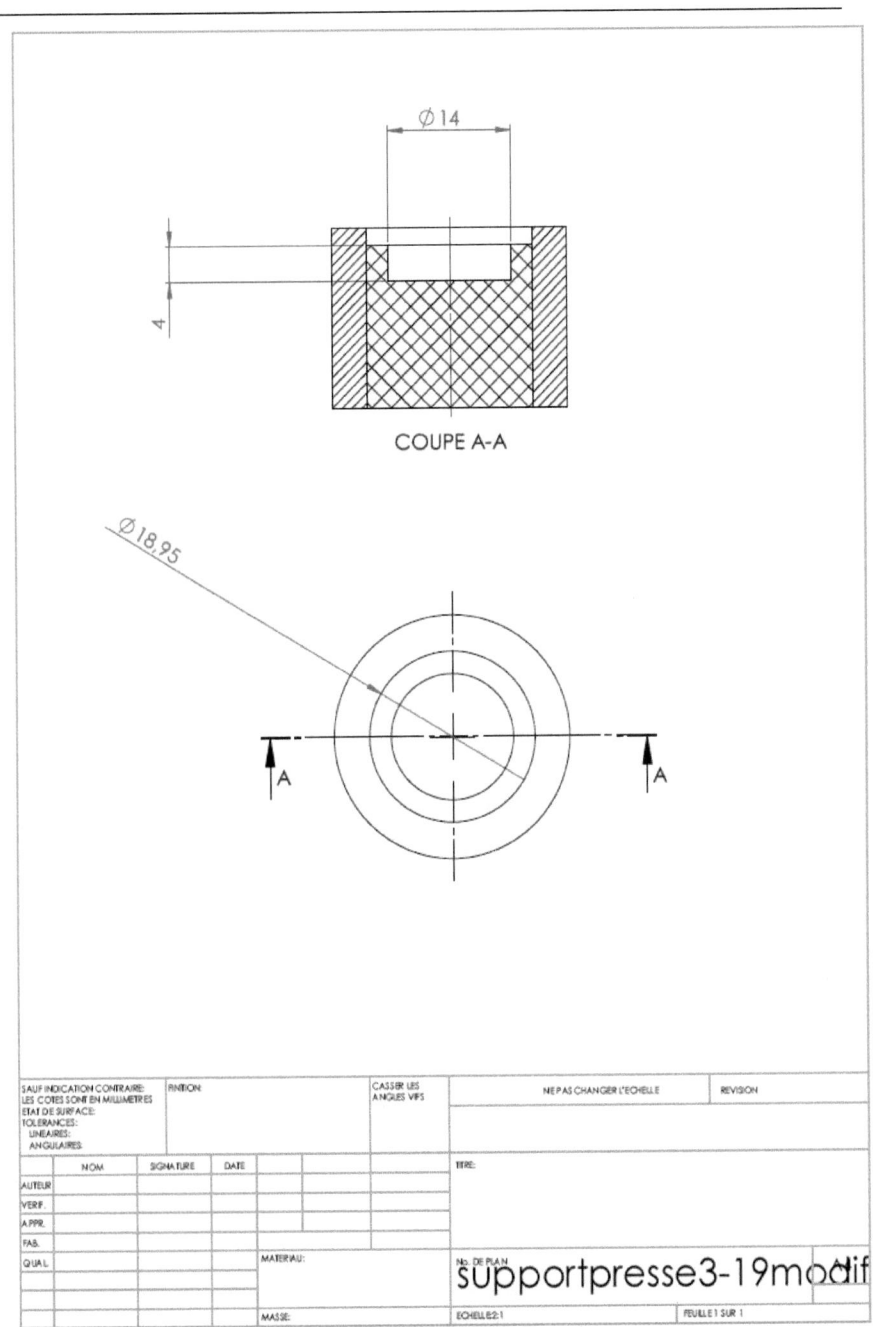

Annexe 11

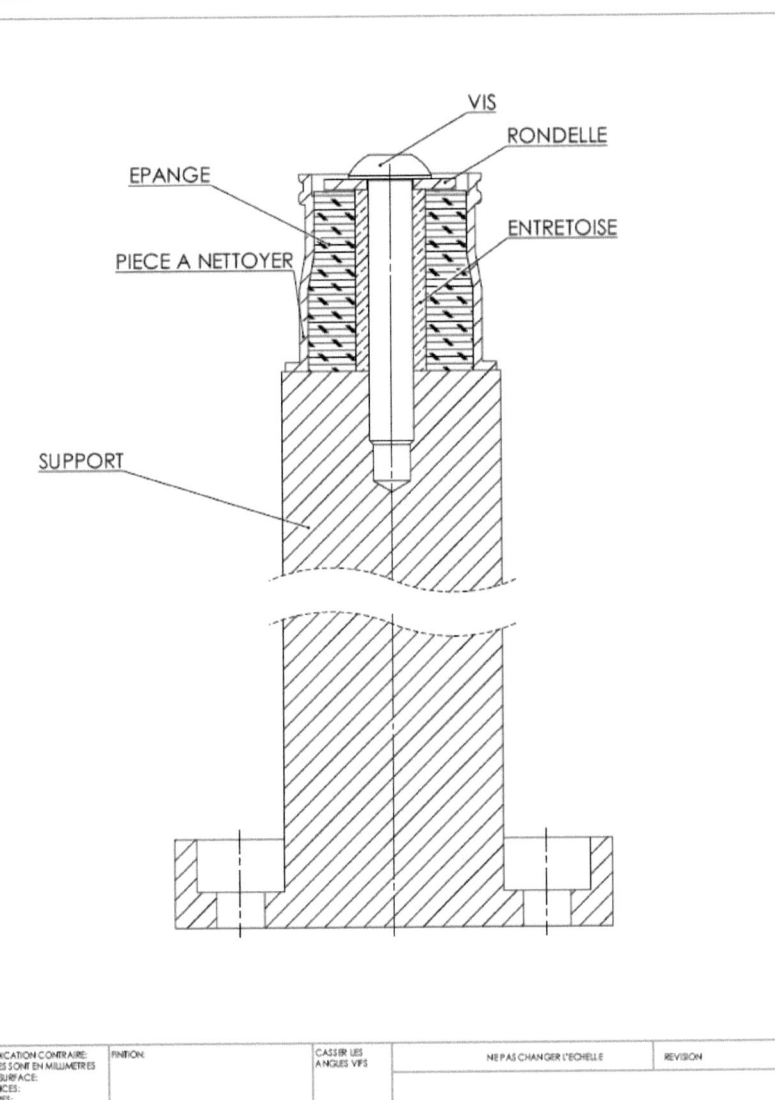

Annexe 12

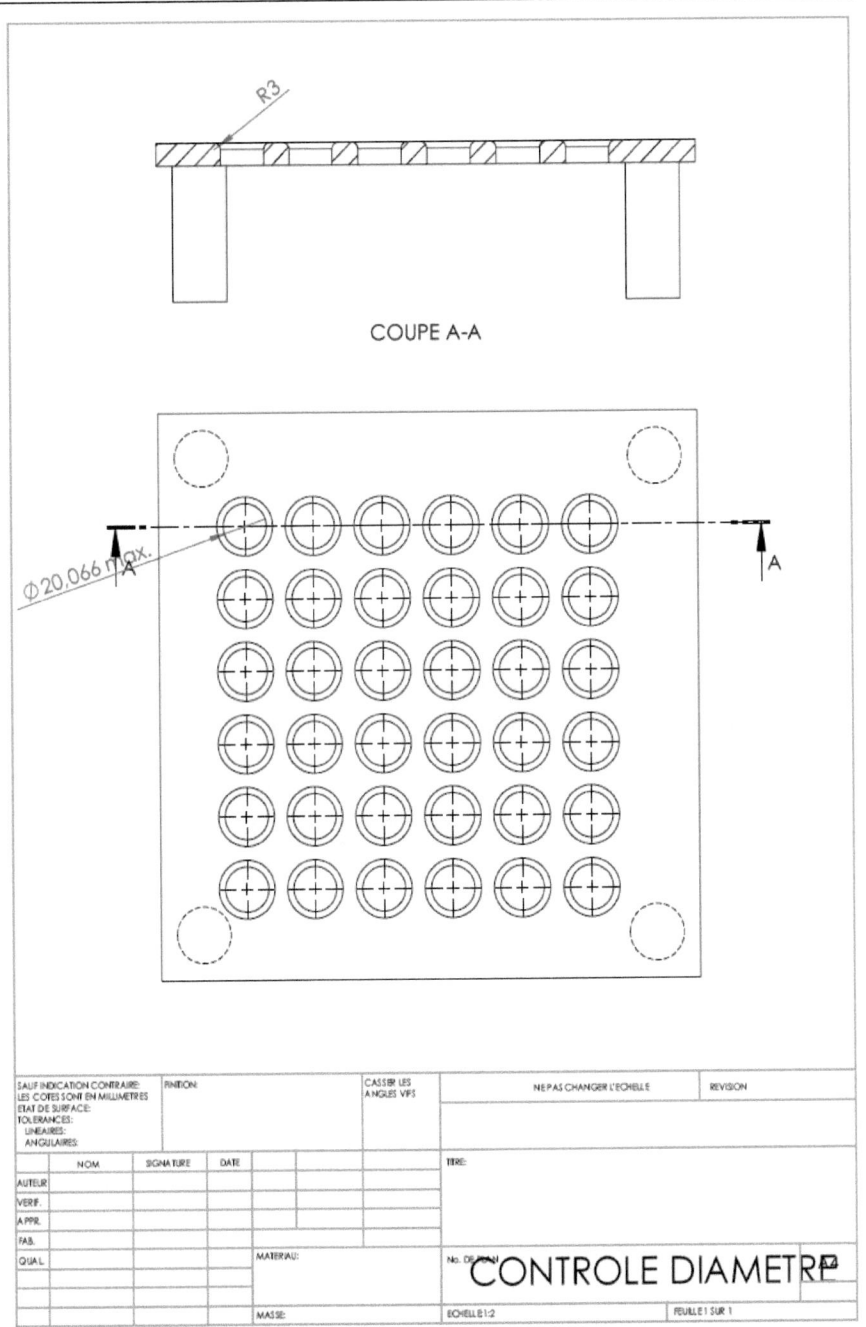

Annexe 13

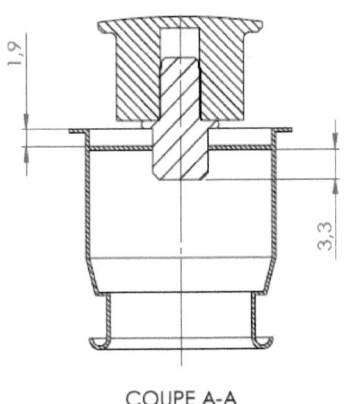

COUPE A-A

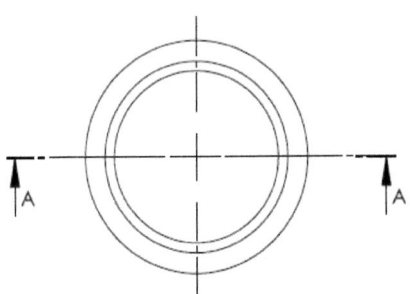

BOUCHON+UNITE

Annexe 14

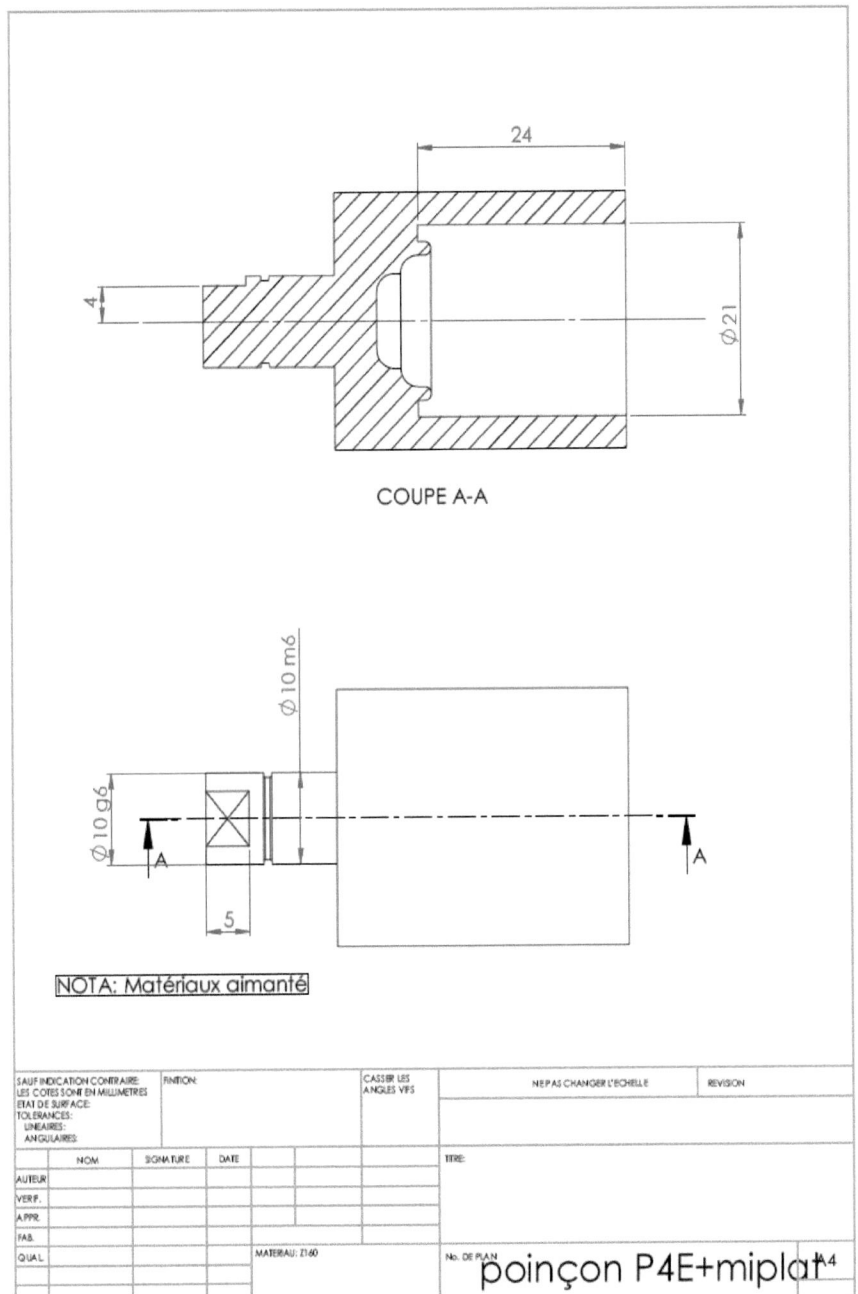

Annexe 15

Annexe 15-1

FTA- Analyse de l'arbre des facteurs pour l'occurrence
Pourquoi le probème est-il apparu?

Description du problème **Problème: Esthétique**

Niveau

4M	Facteurs	Point de contrôle	Standard	Pièces bonnes	Pièces mauvaises	Jugement Std OK	Jugement Conforme au std	Jugement Lien direct	Causes racines potentielles	Commentaires
Matériel	Etat de support (3 et 4)	surface du support	Surface propre	Surface knoph propre	Surface knoph gratté	Oui	Non	Oui	Présence de bavure sur la surface du support	changer la conception du support
Matière	Etat de la surface du knoph	surface du Knoph	Surface propre	Surface knoph propre	Surface knoph gratté	Oui	Non	Oui	Surface non conforme	Contrôle matière première
Main d'oeuvre	Contrôle visuel	Surface du knoph	Mode opératoire	Surface knoph propre	Surface knoph gratté	Oui	Non	Oui	Oubli de contrôle ou contrôle non conforme	motivation, sensibilisation et reformation
Méthode	Contrôle visuel	surface du Knoph	Contrôle de 2sec à 30cm	Surface knoph propre	Surface knoph gratté	Oui	Non	Oui		

Annexe 15-2

FTA- Analyse de l'arbre des facteurs pour l'occurrence
Pourquoi le problème est-il apparu?

Description du problème | **Problème: Ash-guard bloqué**

Niveau						Jugement			
4M	Facteurs	Point de contrôle	Standard	Pièces bonnes	Pièces mauvaises	Std OK	Conforme au std	Lien direct	Causes racines potentielles	Commentaires
Matériel	Hauteur Presse 2		4,2			Oui	Non	Non		
Matériel	Hauteur presse 4		7,5			Oui	OUi	Non		
Matière	Unité non conforme	Ailette ouverte	$0.58^{+0.02}_{-0.03}$							
Matière	Unité non conforme	Diamètre	$20,04\pm0,13$	19,98	20,16	Non	Oui	Oui		
Matière	Ash guard	Diamètre	$20,14^{+0.03}_{-0.05}$	20,11	20,08	Oui	Non	Doute		

Annexe 15-2

Matière	Ash guard	Surface intérieure	Surface propre						Présence d'une bavure	Tige de nettoyage
Méthode	Non contrôle préventif	Diamètre unité								
Méthode	Non contrôle préventif	Présence bavure								
Méthode	Non contrôle préventif	Diamètre Ash guard								

Annexe 15-3

FTA- Analyse de l'arbre des facteurs pour l'occurrence
Pourquoi le problème est-il apparu?

Description du problème — **Problème:** Allumeur bloqué

Niveau					Jugement				
4M	Facteurs	Point de contrôle	Standard	Pièces bonnes	Pièces mauvaises	Std OK	Conforme au std	Lien direct	Causes racines potentielles	Commentaires
Matériel	Coaxialité entre le poinçon et le support					Oui	Non	Oui		
Matière	Trou du knoph non centré							Non		
Matière	Ressort					Oui	Doute	Non		Tourner l'unité afin de régler la position du ressort
Matière	Bague	Coaxialité unité/bague						Non		

Annexe 15-3

										Oui	Non
Matière	Bague	Coaxialité diamètre trou et diamètre extérieur									Non
Matière	Axe	Coaxialité partie haute et partie basse									Non
Matière	knoph	coaxialité entre les deux faces									Non
Matière	Trou unité non centré										Non
Main d'œuvre	Non contrôle de la matière première (unité)	Contrôle manuel des unités réchauffante	Unité conforme							Oui	Non

Annexe 15-4

FTA- Analyse de l'arbre des facteurs pour l'occurrence
Pourquoi le problème est-il apparu?

Description du problème — **Problème: Knoph inséré/bombé**

Niveau

4M	Facteurs	Point de contrôle	Standard	Pièces bonnes	Pièces mauvaises	Std OK	Jugement - Conforme au std	Lien direct	Causes racines potentielles	Commentaires
Matériel	Hauteur Presse 4	Trait		A Mesurer	A Mesurer	Doute	Oui	Oui	Abscence d'un moyen de vérification de l'hauteur de la presse	Equiper la presse d'une reglette et d'une butée fin de course
Matière	Hauteur de l'emplacement de l'anneau (bague)		3,68 ±0,13	3,75	3,77	Oui	Oui	Non		
Matière	Hauteur bague		15,19±0,13	15,15	15,14	Oui	Oui	Non		
Matière	Unité	Plan				Non	Non	Oui	Pas de conformité entre le plan et l'existant	Discuter avec le client

Annexe 15-4

Matière	Hauteur knoph		14,43±0,13	11,49	11,54	Oui	Oui	Non	
Méthode	Insertion du knoph dans l'unité	Plan	Insertion total du knoph			Oui	Non	Oui	Discuter avec le client
Méthode	Insertion du knoph dans l'unité	Plan	16±55	15,38	15,07	Non	Non	Oui	Standard NOK -->knoph inséré
Méthode	Insertion du knoph dans l'unité	Plan	16±55	15,55	16,28	Non	Oui	Oui	Standard NOK -->knoph bombé
Méthode	Contrôle		Utilisation d'une règle						un contrôle visuel est largement suffisant avec une reformation des opératrices
Méthode						Non	Oui	Oui	Méthode non adéquate
Main d'oeuvre	Force exercée sur la levier							Doute	Position de levier --> fatigue de l'opératrice
									Changer une presse plus petite/changer la position de levier

Annexe 16

			Fiche de suggestion				
N°	Date	Matricule	Ligne	Référence	Problème	Suggestion	
1							
2							
3							
4							
5							
6							
7							
8							
9							
10							
11							
12							
13							
14							

Annexe 17

		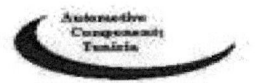	*Fiche d'enregistrement des défauts*		
			Poste:		
N°	Date	Matricule opératrice	Réf	Types de défauts	Quantité
1					
2					
3					
4					
5					
6					
7					
8					
9					
10					
11					
12					
13					
14					

Annexe 18

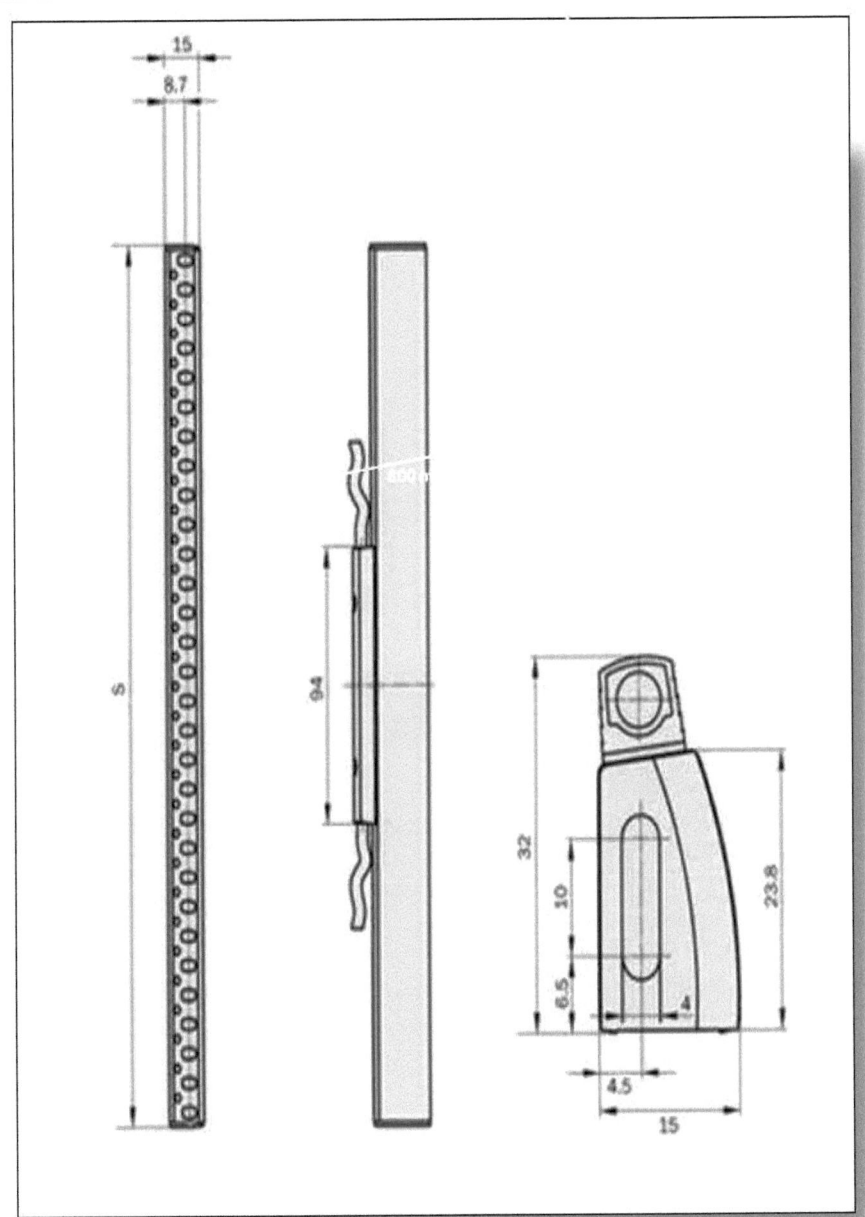

Annexe 19

Flow control valves
Flow control valves with adjustable flow in one direction, G $^1/_8$

One-way flow control valve
Type GG-$^1/_8$
GGO-$^1/_8$

with roller lever and adjustable basic flow rate

With type GG, the throttled cross section is gradually opened by actuation of the roller lever.

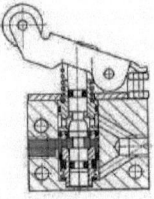

With type GGO, the flow cross section is throttled or closed by actuation of the roller lever.

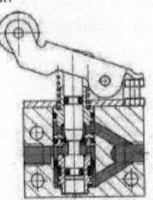

In the opposite flow direction (against the direction of the arrow), there is full free flow independent of the pilot control and lever position.

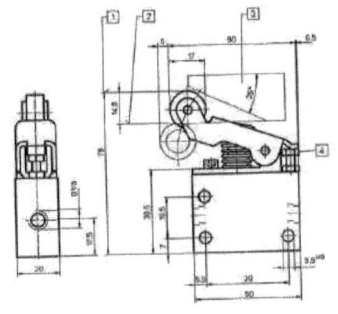

① Rest position
② Actuating position
③ Control cam
④ Adjusting screw for preset control of the flow rate

Note:
The dimension 14.8 + 0.5 for the roller lever travel includes the preset control travel.

These valves are used to vary a preselected flow during a motion sequence. This makes it possible, with single- and double-acting cylinders, for example, to change a preselectable starting speed during operation.

The flow rate or advance speed of the piston is set using the flow adjustment screw. This makes it possible to anticipate a greater or lesser part of the operating displacement at the roller lever. When the roller lever is actuated, the set flow or speed is increased or reduced depending on the valve design. Flow is infinitely variable within the range of stroke and can be varied by appropriate change in the design of control cam, or guide rail.

The arrows on the inscription label indicate the direction of the controlled flow.

For examples of application see sheet 2.600.

Order code	Part No./Type	10890 GG-$^1/_8$	10891 GGO-$^1/_8$
Medium		Compressed air, filtered (lubricated or unlubricated)	
Design		One-way flow control valve with roller lever, cam operated	
Mounting		Through-holes in the housing	
Connection		G $^1/_8$	
Nominal size	in direction of flow control	4 mm	
	against direction of flow control	4 mm	
Standard nominal flow rate	in direction of flow control	280 l/min	
	against direction of flow control	240 l/min	
Pressure range		0.3 to 10 bar	
Actuating force at 6 bar		10 N ($\approx$ 1.0 kp)	
Temperature range		-10 to $+60$ °C	
Materials		Housing: Al, blue anodised; seals: perbunan	
Weights		0.380 kg	0.400 kg

Annexe 20

	Fiche abandonnement de poste FB-D-001	Automotive Components Tunisia Parc d'activité économique de Bizerte Site de Menzel Borguiba B.P 146 7050 Tunisie

Ligne : Center Push	*Poste de travail N°: ...*
Produit: 217536 E / 1531319	Mode d'élaboration: Manuel
	Equipement N° :TsF-008

	* Ne jamais laisser une pièce en cours de fabrication
Avant de quitter	* "Une place à chaque chose et chaque chose à sa place": Mettre chaque chose dans sa place avant de quitter le poste: Chaise- Outils de contrôle- Check liste- Matière première- Rebuts- Pièce finie...
Après la pause	* Vérifier le chargement de la matière première
	* Vérifier le réglage et les paramètres de la machine
	* Refaire le contrôle de validation pour les trois premières pièces pour chaque poste

Oui, je veux morebooks!

i want morebooks!

Buy your books fast and straightforward online - at one of world's fastest growing online book stores! Environmentally sound due to Print-on-Demand technologies.

Buy your books online at
www.get-morebooks.com

Achetez vos livres en ligne, vite et bien, sur l'une des librairies en ligne les plus performantes au monde! En protégeant nos ressources et notre environnement grâce à l'impression à la demande.

La librairie en ligne pour acheter plus vite
www.morebooks.fr

VDM Verlagsservicegesellschaft mbH
Heinrich-Böcking-Str. 6-8 Telefon: +49 681 3720 174   info@vdm-vsg.de
D - 66121 Saarbrücken   Telefax: +49 681 3720 1749   www.vdm-vsg.de

Printed by Books on Demand GmbH, Norderstedt / Germany